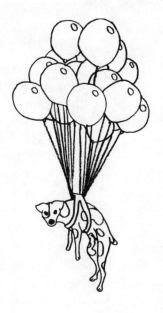

Marshall Brain y el equipo HowStuffWorks

¿Qué pasaría si...?

*Respuestas sorprendentes
para curiosos insaciables*

ONIRO

Título original: *What if...?*
Publicado en inglés por Wiley Publishing, Inc., New York, NY

Traducción de Joan Carles Guix

Diseño de cubierta: Valerio Viano

Distribución exclusiva:
Ediciones Paidós Ibérica, S.A.
Mariano Cubí 92 - 08021 Barcelona - España
Editorial Paidós, S.A.I.C.F.
Defensa 599 - 1065 Buenos Aires - Argentina
Editorial Paidós Mexicana, S.A.
Rubén Darío 118, col. Moderna - 03510 México D.F.- México

© 2003 exclusivo de todas las ediciones en lengua española:
Ediciones Oniro, S.A.
Muntaner 261, 3.º 2.ª - 08021 Barcelona - España
(oniro@edicionesoniro.com - www.edicionesoniro.com)

ISBN: 84-9754-075-1
Depósito legal: B-25.368-2003

Impreso en Hurope, S.L.
Lima, 3 bis - 08030 Barcelona

Impreso en España - *Printed in Spain*

✳ Índice

¡Hola!

Una de las cosas más fascinantes de HowStuffWorks es cómo influye en tu cerebro. Cuando sabes cómo funciona, miras de otra forma cuanto te rodea y haces más preguntas. A medida que vas aprendiendo cómo funcionan más y más cosas, también se produce otro fenómeno: empiezas a formular preguntas del tipo «qué pasaría si...?».

En tu cabeza empiezan a brincar un sinfín de preguntas similares a éstas: «¿Qué pasaría si combinara esto con aquello?» o «¿Qué ocurrirá si esto sigue así?» o «¿Qué pasaría si una determinada tecnología fallara en lugar de funcionar tal y como se supone que debe hacerlo?». ¡En muchos casos, cuanto más aprendes, más preguntas te formulas! Estabas convencido de que era al revés, pero no es así.

En este libro he reunido un puñado de preguntas «¿qué pasaría si...?» que saltaban alocadamente en mi cabeza y las he respondido utilizando el método HowStuffWorks. El objetivo consiste en aprender más cosas acerca de la tecnología y de sus efectos secundarios, y de observar cómo encaja todo entre sí. El resultado puede ser creativo —«¿Qué pasaría si intentáramos construir una ciudad bajo una cúpula?»— o destructivo —«¿Qué pasaría si cediera la presa de Hoover?», ¡aunque siempre interesante!

Durante la lectura del libro, encontrarás dos iconos:

MF Las preguntas señaladas con este icono son «Mis Favoritas», las que considero que adquieren un creciente interés cuanto más se piensa sobre ellas.

FV Identifica las preguntas «Favoritas de los Visitantes», las que aquellos que han visitado nuestra página web han considerado más intrigantes de entre todas las contenidas en el índice.

En el caso de que esta colección de preguntas evoque nuevas preguntas del mismo estilo en tu mente, envíanoslas; me encantaría oírlas. Visita la página web de HowStuffWorks y participa en el fórum «¿Qué pasaría si...?». ¡Las preguntas de dicho fórum constituirán la base del próximo libro!

NOTA DEL EDITOR ESPAÑOL

Dada la imposibilidad de incluir las equivalencias monetarias de todos los países de habla hispana, en este libro se ha optado por mantener las cantidades citadas en dólares, por tratarse de una moneda mundialmente conocida y desde la que resulta cómodo hacer las conversiones correspondientes. Igualmente, se ha optado por conservar los ejemplos referidos a las costumbres, leyes, etc., de Estados Unidos, ya que adaptar la información a los diversos países habría sido imposible y, al fin y al cabo, no se trata de una guía de servicios, sino de reproducir las preguntas que un sinfín de lectores, en su mayoría norteamericanos, han hecho a los autores. *(N. del E.)*

Si los perros pudieran volar...

¡Estupendo! Has elegido este libro. Eso significa que probablemente eres una persona curiosa y que la cubierta tal vez te haya hecho pensar... «¿Está realmente flotando en el aire ese perro, suspendido de un montón de globos?».

Es muy posible que te quedes mucho más tranquilo al saber que la respuesta a la pregunta es «no», definitivamente no.

El equipo de HowStuffWorks y el de Wiley trabajaron juntos para diseñar la cubierta de la edición original en inglés de este libro (cuya idea básica se ha respetado en la edición en español). Resultó ser un proceso bastante complejo. En primer lugar, un grupo de personas de ambos equipos se reunieron para discutir cuál sería el mejor concepto de diseño de la cubierta, y una vez acordado, Wendy confeccionó una serie de muestras. Wendy y Cindy llamaron a Roxanne y Katherine para comentarlas.

Las muestras consistían fundamentalmente en seis elementos principales:

- Una foto de los globos
- Una foto del perro flotando
- Una foto del perro curioso
- Una foto del cielo de fondo
- Una foto de la hierba
- El texto de la cubierta

Wendy y Cindy se habían encargado del cielo, la hierba y el texto. Así pues, Roxanne tenía que aportar las fotos de los globos y del perro. Lo de los globos era relativamente fácil. Les ató un ladrillo para que permanecieran flotando en el aire, y más tarde, con la ayuda de Tom, Beth y Katherine, sacó las fotos de Sadie, el perro que aparece en la cubierta. Mientras Katherine sostenía a Sadie en su regazo, Roxanne inspiraba en él una postura inquisitiva hablándole y haciendo unos cuantos sonidos ridículos.

Para conseguir la postura flotante, levantamos las patas delanteras de Sadie para dar la impresión de que estaba suspendido en el aire y compramos un arnés de seguridad para perros en la tienda local de animales de compañía, de los que se utilizan en los asientos de automóvil. Roxanne seleccionó sus fotografías favoritas y las envió por e-mail a Wendy para que realizara la composición.

Al recibir los archivos fotográficos de Roxanne, Wendy utilizó su concepto original para distribuir todos los elementos y crear la cubierta que ahora puedes ver. Asimismo, solicitó la opinión de muchas personas de la editorial, marketing y ventas de Wiley y HowStuffWorks para estar segura de que evocaba un mensaje positivo. Deseaba que la cubierta mostrara un perro curioso preguntándose: «¿Qué pasaría si me ataran a un montón de globos? ¿Flotaría en el aire?».

Con la opinión de todos, Wendy introdujo algunas modificaciones en el concepto original de la cubierta: pequeños detalles tales como desplazar a Sadie un poco más hacia abajo para que las patas se apoyaran en la «h» de «What» (el título original en inglés, por si no lo has visto en la página de créditos, es *What If...?*) y añadir la pregunta junto al perrito volador para que los lectores curiosos supieran por qué habíamos utilizado el perro y los globos en la cubierta.

En el diseño y composición de esta cubierta participaron una docena de personas. Y en el caso de que te lo estés preguntando, te diré que después de la foto, Sadie pasó el resto del día comiendo golosinas, jugando con un nuevo juguete de arrastre y holgazaneando en su casa.

1

Aire y espacio

❋ ¿Qué pasaría si cayeras desde un avión sin paracaídas? • ¿Qué pasaría si alguien disparara un arma de fuego a bordo de un avión? • ¿Qué pasaría si un asteroide colisionara con la Tierra? • ¿Qué pasaría si un astronauta realizara un paseo espacial sin su traje espacial? • ¿Qué pasaría si un astronauta llevara consigo un pajarillo al espacio? ¿Sería capaz de volar? • ¿Qué pasaría si viajaras a Marte para estudiar el planeta durante un año? ¿Qué cantidad de alimentos y de agua deberías llevar para sobrevivir? • ¿Qué pasaría si quisiéramos construir una colonia en la luna? • ¿Qué pasaría si estuviéramos cerca de un agujero negro?

¿Qué pasaría si cayeras desde un avión sin paracaídas?

¡Cuando descubres que estás cayendo por el aire sin paracaídas, sin duda sabes que éste va a ser un mal día! Pero por un momento vamos a imaginar que así es, que te habías caído de un avión y que te hallabas en esta situación.

Ante todo, tienes que pensar con rapidez. Si te precipitas desde 3.600 m de altitud, sólo dispones de 60 segundos antes de impactar contra el suelo. En caída libre, desciendes a 200 km/h si tienes los brazos y las piernas extendidos, y a tal velocidad tardas un minuto en cubrir los 3.600 m.

Lo primero que debes hacer es buscar una masa de agua. Sumergirte en el agua no resultará una experiencia agradable a 200 km/h, pero por lo menos, si es lo bastante profunda (alrededor de 3,6 m), conseguirás sobrevivir. Así pues, dirígete hacia el agua (te resultará muy útil haber practicado *skydiving* con anterioridad y saber qué movimientos debes realizar para cambiar de dirección en pleno vuelo) y zambúllete en ella. Si no sabes cuál es su profundidad, procura entrar con los pies por delante.

Si no hay agua en los alrededores, tendrás que probar otra cosa. En la Segunda Guerra Mundial, un soldado sobrevivió a un salto sin paracaídas desde 5.400 m. Su caída se vio amortiguada por las ramas de un pino y luego fue a parar sobre una gruesa capa de nieve. Por consiguiente, podrías buscar algunos árboles y confiar en la suerte.

A falta de agua y de árboles —por ejemplo, estás cayendo en una zona urbana y no logras distinguir ninguna piscina en alguna azotea—, la siguiente alternativa es buscar algo grande con la esperanza de que amortiguará la caída. Aterrizar en una caravana o en el remolque de un camión es una posibilidad. Estas estructuras no son extremadamente fuertes y cuando las golpeas se rompen y absorben una parte de la energía de la caída. Si existirá o no la suficiente energía es una incógnita. Sólo hay una forma de saberlo, ¡pero no te recomendamos que lo intentes!

¿Qué pasaría si alguien disparara un arma de fuego a bordo de un avión?

Son innumerables las escenas cinematográficas en las que unos terroristas o piratas aéreos secuestran un avión y abren fuego a bordo. Incluso hay una película, *Air Force One*, en la que el presidente dispara un revólver y los terroristas también disparan. ¿Es posible? ¿No estallaría la aeronave o se despresurizaría tan pronto como la bala impactara en su casco?

Cuando alguien dispara un arma de fuego en un avión, pueden ocurrir cuatro cosas:

- " La bala sólo atraviesa la cubierta de aluminio del avión y deja un pequeño orificio de salida.
- " La bala impacta en una ventana y rompe la luna.
- " La bala impacta en el cableado eléctrico empotrado en las paredes o en el suelo.
- " La bala impacta en un tanque de combustible.

Si la bala se limita a perforar el casco de la aeronave, el problema es de escasa importancia. La cabina está presurizada y el orificio origina una pequeña fuga, pero el sistema de presurización la compensa. Una o incluso varias perforaciones de este tipo no tienen el menor efecto.

Por otro lado, si la bala impacta en una ventana, plantea un problema. Al romperse la ventana, el avión se despresuriza en cuestión de pocos segundos. Dado que todo el aire de la cabina de pilotaje se escapa a través del orificio, la poderosa corriente de fuga arrastra una infinidad de objetos en esa dirección. Si hay un pasajero sentado junto a la ventana y no va sujeto por el cinturón de seguridad, es posible que lo succione. ¡Otra buena razón por la que conviene llevarlo siempre ajustado!

Entretanto, la pérdida de presurización en la cabina plantea un problema para todos cuantos se hallan a bordo. Una aeronave comercial que vuela a 9.000 m se desplaza a una altitud superior a la de la cima del Monte Everest, donde el aire es tan ligero que sin el debido aporte complementario de oxígeno, cualquier persona pierde el sentido de la coherencia y la realidad en apenas un minuto. De ahí que se disparen las mascarillas de oxígeno del panel situado en el techo del avión. Si estás en esta situación, póntela de inmediato mientras conservas la facultad de razonar; es muy importante.

Si la bala impacta en el cableado eléctrico, o peor, en el panel de instrumentos de la cabina de pilotaje, puede ocasionar un problema leve (el circuito de audio, TV o vídeo deja de funcionar) o mucho más grave. El daño dependerá de dónde se ha producido el impacto y de su importancia.

Por último, está la cuestión de los tanques de combustible. Los aviones comerciales almacenan miles de litros de carburante en las alas, aunque numerosos aparatos también disponen de depósitos en el fuselaje, como por ejemplo, los 747. Si una bala perfora un tanque, provoca una fuga y una posibilidad potencial de explosión.

¡Como habrás observado a tenor de lo que te he contado, en general, no es nada recomendable hacer uso de armas de fuego en los aviones! Sea como fuere, si no tienes otro remedio que hacerlo, procura no apuntar a algo esencial para su funcionamiento.

¿Qué pasaría si un asteroide colisionara con la Tierra?

Un asteroide que colisiona con nuestro planeta: ¡el tema eterno de la ciencia ficción! Muchas películas y libros han imaginado esta posibilidad (*Deep Impact*, *Armageddon*, *El martillo de Lucifer*, etc.).

En realidad, el impacto de un asteroide también es el tema eterno de la ciencia. Existen innumerables cráteres en la superficie de la Tierra (y de la luna) que nos muestran una larga historia de grandes objetos colisionando con el planeta. El asteroide más famoso es el que cayó hace 65 millones de años. Se cree que arrojó tanta humedad y tanto polvo a la atmósfera que oscureció por completo la luz solar, provocando un descenso de la temperatura planetaria y ocasionando la extinción de los dinosaurios.

Así pues, ¿qué pasaría si uno de estos gigantescos meteoros impactara en la Tierra hoy en día?

Cualquier asteroide procedente del firmamento estaría cargado de una cantidad colosal de energía. Veamos un típico ejemplo. En 2028, el asteroide 1997XF11 pasará extremadamente cerca de la Tierra, pero sin hacer diana en ella. Pero si algo cambiara su rumbo e impactara en nuestro planeta, tendrías a un gigante de 1,6 km de diámetro golpeando en la superficie a una velocidad de alrededor de 48.000 km/h. Un asteroide de este tamaño y que viaja a tal velocidad tiene una energía aproximadamente equivalente a la de una bomba de un millón de megatones. Es muy probable que un coloso de estas características barriera por completo la mayor parte de la vida de la Tierra.

Es difícil imaginar un millón de megatones. En consecuencia, realizaremos algunos cálculos con dimensiones más reducidas. Pongamos por caso que un asteroide del tamaño de una casa choca con nuestro planeta a 48.000 km/h. Su energía equivaldría poco más o menos a la de la bomba que cayó en Hiroshima (tal vez 20 kilotones), lo suficiente para aplastar edificios de hormigón armado en un radio de 800 m de la zona cero y estructuras de madera a 2,5 km de distancia de la misma. Dicho en otras palabras, provocaría ingentes daños en cualquier ciudad.

Si el asteroide tuviera las dimensiones de un edificio de veinte plantas (60 m de longitud), su energía sería equivalente a la de las bombas nucleares de mayor potencia que se fabrican en la actualidad, es decir, del orden de 25 a 50 megatones. Un bólido de este tipo aplastaría edificios de hormigón armado en un radio de 8 km de la zona cero, destruyendo completamente la mayoría de las grandes ciudades del mundo.

Y en el caso de un asteroide de 1,6 km de diámetro, nos estaríamos moviendo en la esfera de un millón de megatones. Tendría una energía diez millones de veces superior a la de la bomba de Hiroshima y lo aplastaría todo en un radio de 120 a 320 km de la zona cero. O lo que es lo mismo, si un asteroide de 1,6 km de diámetro cayera en Nueva York, es muy probable que la fuerza del impacto lo arrasara todo desde Washington D.C. hasta Boston, causando graves daños a 1.600 km de distancia (tan lejos como Chicago, por ejemplo). La cantidad de polvo y residuos arrojados a la atmósfera bloquearía el sol y provocaría la muerte de la mayoría de los seres vivos del planeta. Por su parte, si un bólido de este tamaño fuera a parar al océano, originaría inmensas olas de centenares de metros de altura que arrasarían completamente la costa.

Dicho de otro modo, si alguna vez un asteroide colisiona con la Tierra, no hay duda de que aquél será un día francamente nefasto para todos, independientemente de su tamaño. Si tiene 1,6 km de diámetro, es probable que aniquile la vida de nuestro planeta. ¡Esperemos que esto no se produzca!

¿Qué pasaría si un astronauta realizara un paseo espacial sin su traje espacial?

El traje espacial que se utiliza actualmente para realizar paseos espaciales desde la lanzadera y la Estación Espacial Internacional se denomina Unidad de Movilidad Extravehicular. Teniendo en cuenta que en su interior se ha creado un ambiente similar al terrestre, un traje espacial permite desplazarse por el espacio con una relativa seguridad. Los trajes espaciales proporcionan cuatro elementos fundamentales:

99 Atmósfera presurizada: El traje espacial suministra presión de aire para mantener los fluidos corporales en estado líquido, es decir, para evitar que hiervan. La presión en el traje es muy inferior a la

presión del aire normal en la Tierra (0,30 frente a 1,03 kg/cm^2). De este modo, no se hincha y se mantiene lo más flexible posible.

❞ Oxígeno: Los trajes espaciales deben suministrar oxígeno puro a causa de la baja presión. El aire normal (78 % nitrógeno, 21 % oxígeno y 1 % otros gases) provocaría concentraciones de oxígeno peligrosamente bajas en los pulmones y la sangre a tan baja presión.

❞ Temperatura regulada: Para hacer frente a las temperaturas extremas en el espacio, la mayoría de los trajes espaciales están extraordinariamente aislados con capas de tela (Neopreno, Gore-Tex, Dacron) y recubiertos de capas exteriores reflectantes (Mylar o tela blanca) para reflejas: la luz solar.

❞ Protección contra los micrometeoritos: Los trajes espaciales disponen de múltiples capas de telas duraderas, tales como Dacron o Kevlar, que evitan la producción de desgarros durante los paseos espaciales.

El espacio exterior es un medio extremadamente hostil. Si salieras de una nave como por ejemplo la Estación Espacial Internacional o penetraras en un planeta con una escasa o nula atmósfera, como la luna o Marte, y no llevaras un traje espacial, esto es lo que ocurriría:

❞ Quedarías inconsciente a los 15 segundos a causa de la falta de oxígeno.

❞ La sangre y los fluidos corporales hervirían y luego se congelarían a causa de la escasa o nula presión del aire.

❞ Los tejidos (piel, corazón, otros órganos internos) se expandirían al hervir los fluidos.

❞ Te verías sometido a cambios de temperatura extremos:
  • Luz solar: 120 ºC
  • Sombra: −100 ºC

❝ Estarías expuesto a diversos tipos de radiación (rayos cósmicos) y a partículas cargadas emitidas por el sol (viento solar).

❝ Podrías recibir el impacto de pequeñas partículas de polvo o roca que viajan a grandes velocidades (micrometeoritos) o residuos orbitales procedentes de los satélites o naves espaciales.

El cuerpo humano sólo sería capaz de tolerar un vacío absoluto durante unos breves segundos. Así pues, la secuencia de *2001: Una odisea en el espacio* en la que Dave es expulsado del tanque al vacío del espacio y cae en picado hasta la estación espacial podría funcionar, pero transcurridos algunos segundos, la situación empeoraría drásticamente.

¿Qué pasaría si un astronauta llevara consigo un pajarillo al espacio? ¿Sería capaz de volar?

Lo más divertido de una nave o estación espacial orbitando alrededor de la Tierra es la ingravidez, y esto es así porque en la ingravidez todo el mundo es capaz de volar. Basta dar una patada en una pared y volarás en línea recta hasta el otro extremo de la nave sin el menor esfuerzo. Si has visto algún vídeo de astronautas bromeando en la lanzadera espacial o en la estación espacial, sin duda habrás comprobado cuánto se divierten.

Así pues, ¿cómo se comportaría un pájaro en la estación espacial? Hasta la fecha, nadie lo ha experimentado, debido probablemente a problemas de higiene, pero si dispusieras de un gran espacio abierto en el interior de la nave y soltaras un pajarillo, ¿qué haría?

Piensa en lo que hacen los pájaros en la Tierra. Baten rápidamente las alas para despegar, continúan batiéndolas durante el vuelo para mantenerse en el aire y luego las baten de nuevo muy rápidamente al aterrizar, para desacelerar.

Algunas aves, como los halcones, son unos magníficos planeadores. Son capaces de permanecer en el aire durante largos períodos de tiempo sin aletear ni siquiera una vez.

En el espacio, un pájaro tendría que hacer lo mismo al iniciar y terminar el vuelo, es decir, batir rápidamente las alas al principio para ganar velocidad y luego hacer lo propio para desacelerar, so pena de emular a los humanos, que al finalizar sus vuelos ingrávidos colisionan contra una pared. Durante el vuelo, el pajarillo simplemente planearía. No necesitaría consumir la menor cantidad de energía, ya que la gravedad no está tirando de él.

La principal ventaja que tendría un pájaro respecto a los seres humanos en esta situación serían las alas. En el interior de una estación espacial llena de aire, las alas y la cola del pajarillo siguen funcionando a la perfección, lo cual le permitiría girar, acelerar y desacelerar. Los humanos no pueden hacerlo. En efecto, cuando se impulsan con el pie en una pared, su vuelo es prácticamente en línea recta hasta llegar a la pared opuesta. Por su parte, los pájaros dispondrían de un enorme control durante el vuelo en la estación espacial si utilizaran como es debido sus alas y su cola, si bien es cierto que deberían efectuar algún que otro reajuste importante para compensar la ingravidez.

La pregunta incógnita es la siguiente: ¿es lo bastante inteligente un pájaro para adaptarse a un entorno de gravedad cero, o vuela tan instintivamente en gravedad que sería incapaz de hacerlo? Desde luego, los pájaros son considerablemente ingeniosos y es posible que, una vez domesticados y con un poco de práctica, pudieran conseguirlo.

¿Qué pasaría si viajaras a Marte para estudiar el planeta durante un año? ¿Qué cantidad de alimentos y de agua deberías llevar para sobrevivir?

Otro modo de formular esta pregunta sería el siguiente: «¿Cuánto come una persona en dos años?». Un viaje a Marte supone seis meses de ida y otros seis de vuelta. De manera que si tienes previsto permanecer un año en el planeta para llevar a cabo tu investigación, la duración total de la excursión interplanetaria sería de dos años.

Un varón medio que pese 75 kg y que realice algún ejercicio físico necesita a diario:

- 2.500 calorías
- 83 g de grasas
- 60 g de proteínas
- 25 g de fibra
- Una amplia variedad de vitaminas y minerales

Una mujer media necesitaría menos de todo, y por lo tanto, con estas cantidades andaría más que sobrada.

Partimos de la base de que la alimentación se puede complementar con vitaminas y minerales, ya sea mezclados o en forma de tabletas, de manera que no hay que preocuparse de esta parte de la ecuación. El verdadero problema se plantea en relación con las calorías, proteínas, grasas y fibra.

Simplificando mucho las cosas, las calorías se podrían obtener del azúcar blanco; las grasas, del aceite vegetal; las proteínas, de proteínas en polvo; y la fibra, del salvado. En tal caso, para un viaje de dos años de duración, cada persona necesitaría lo siguiente:

» 274 kg de azúcar
» 60 kg de aceite vegetal
» 43 kg de proteínas
» 18 kg de fibra

Si elaboraras todos estos ingredientes en barras, harían falta alrededor de 400 kg de alimentos por persona. Cuando compras comida para perros en el supermercado, una bolsa ordinaria contiene 9 kg. En consecuencia, se necesitarían 44 bolsas grandes de este tamaño para asegurar la supervivencia de una persona durante dos años.

Pero el ser humano también precisa agua. En la mayoría de las misiones espaciales, el agua es un subproducto de la producción de electricidad en células energéticas o pilas de combustible, de manera que no constituye un problema de envergadura. Los nutricionistas recomiendan beber como mínimo ocho vasos de 250 ml al día. Supongamos que no bebes demasiado. Para una misión de dos años necesitarías alrededor de 2.052 litros de agua.

¿Qué pasaría si quisiéramos construir una colonia en la luna?

Cualquiera que se haya criado con los lanzamientos del Apollo rumbo a la luna en la década de 1970 y con la película *2001: Una odisea en el espacio*, que se estrenó en 1968, se quedó con la impresión de que en el momento menos pensado se podía establecer una colonia en nuestro satélite. Pero dado que treinta años después no se ha realizado ningún progreso digno de reseñar, lo más sensato es suponer que, por el momento, de colonias lunares nada de nada, aunque siga siendo una idea muy atractiva. ¿No sería estupendo poder vivir, pasar las vacaciones y trabajar en la luna?

Pero vamos a imaginar que estuviéramos dispuestos a colonizarla. Existen algunas necesidades básicas que los colonizadores deberían tomar en considera-ción, sobre todo si se tratara de vivir durante largo tiempo en ella:

" Aire respirable
" Agua
" Alimentos
" Recinto presurizado
" Energía

Sería ideal poder obtener la mayoría de estos recursos en la propia luna, puesto que los costes de embarque hasta nuestro satélite son asombrosos —del orden de 50.000 dólares por cada 450 g de carga—. Así, por ejemplo, 4,5 litros de agua pesan alrededor de 3,6 kg, ¡de manera que costaría 400.000 dólares transportarlos hasta la luna! A estos precios, sería preciso poder cargar el míni-mo posible en la Tierra y fabricar en la luna todo cuanto fuera posible obtener en ella.

La obtención de aire respirable en forma de oxígeno resulta bastante fácil en la luna. El suelo contiene oxígeno, que se puede extraer mediante el uso del ca-lor y la electricidad.

El agua ya es un asunto más complicado. Actualmente, existen algunas evi-dencias que demuestran la posibilidad de que haya agua en la luna, en forma de hielo enterrado y acumulado en el polo sur. De ser así, sería posible extraer agua, lo cual resolvería una infinidad de problemas. El agua es necesaria para beber y para regar, y además se puede transformar en hidrógeno y oxígeno para su uso como combustible de cohetes.

Si el agua no estuviera disponible en nuestro satélite, habría que importarla de la Tierra. Una forma de hacerlo sería transportando hidrógeno líquido y lue-go reaccionándolo con oxígeno procedente del suelo lunar para obtener agua. Dado que el peso de las moléculas está formado por un 67 % de oxígeno y un 33 % de hidrógeno, éste sería el modo más económico de conseguir agua. Como beneficio complementario, el hidrógeno puede reaccionar con el oxígeno en una célula energética para generar electricidad mientras elabora el agua.

La alimentación también es un problema. Una persona consume alrededor de 200 kg de alimentos deshidratados al año, de manera que una colonia entera necesitaría toneladas de alimentos. Lo primero que se nos ocurriría sería «cultivarlos en la luna». Pensamos así porque aquí en la Tierra el carbono y el nitrógeno están libremente disponibles en la atmósfera, y los minerales en el suelo. Una tonelada de trigo consta de la misma cantidad de carbono, nitrógeno, oxígeno, hidrógeno, potasio, fósforo, etc. Para cultivar una tonelada de trigo en la luna habría que importar todas las sustancias químicas que no se pueden obtener en ella. Una vez efectuada la primera cosecha, y siempre que la población de la colonia se mantenga estable, las sustancias químicas se pueden reutilizar en un ciclo natural. La planta crece, nos la comemos y la excretamos en forma de residuo sólido, residuo líquido y dióxido de carbono a través de la respiración. Estos productos residuales sirven para nutrir a las plantas de la siguiente cosecha. Pero aun así, todavía hay que conseguir toneladas de alimentos o de sustancias químicas en la luna para iniciar el ciclo.

En relación con el recinto protector, es probable que los primeros sean estructuras hinchables importadas de la Tierra, si bien es cierto que se han realizado muchas investigaciones acerca de la posibilidad de construir estructuras con cerámicas y metales elaborados en la luna.

La energía constituye un interesante desafío. Probablemente sería posible fabricar células solares en nuestro satélite, aunque la luz del sol sólo está disponible durante un determinado período de tiempo. Como ya se ha mencionado con anterioridad, el hidrógeno y el oxígeno pueden reaccionar en una pila de combustible para generar electricidad. La energía nuclear es otra posibilidad, utilizando uranio extraído en la propia luna.

Con toda esta información, puedes empezar a comprender por qué hasta la fecha no existe ninguna colonia en la luna: ¡es muy complicado! Pero imaginemos que quisiéramos crear una para 100 personas con un nivel de subsistencia autosuficiente. Supongamos que, para empezar la colonia, se ha transportado por persona:

- La propia persona: 75 kg
- Una carga inicial de alimentos (o sustancias químicas para cultivarlos): 185 kg
- Recinto y equipo protector inicial: 370 kg
- Equipo de fabricación: 370 kg

Esto representa 1.000 kg por persona y 100.000 kg para la colonia. Cuando descubres que la lanzadera espacial orbital pesa 61.000 kg sin carburante y comprendes que las cien personas van a pasar el resto de su vida en la luna subsistiendo con los materiales que caben en apenas dos lanzaderas espaciales, te das cuenta hasta qué punto resulta extremadamente optimista este cálculo estimativo. A 50.000 dólares por cada 450 g, los costes de embarque ascenderían a 15.000 millones de dólares, y si computas globalmente el diseño, el desarrollo, los materiales, el adiestramiento, las personas y los costes administrativos, además de las cantidades reales de materiales que hay que enviar, y el tiempo y dinero que se deberían de invertir simplemente para llegar hasta la Estación Espacial Internacional, es fácil deducir que incluso una pequeña colonia en la luna costaría centenares de miles de millones, si no trillones, de dólares.

Tal vez el próximo año...

¿Qué pasaría si estuviéramos cerca de un agujero negro?

Para responder a esta pregunta, primero tenemos que saber qué son los agujeros negros y cómo se comportan. Un agujero negro es lo que queda cuando muere una gran estrella. Las grandes estrellas suelen tener un núcleo cuya masa es, por lo menos, tres veces la del sol. Las estrellas son enormes, verdaderos reactores de fusión. Dado su ingente tamaño y al estar compuestas de gas, un poderoso campo gravitatorio intenta succionarlas y extinguirlas constantemente. Las reacciones de fusión que se producen en el núcleo son similares a una gigantesca bomba de fusión que intenta hacer explosionar la estrella. El equilibrio entre las fuerzas gravitatorias y las fuerzas explosivas es lo que define sus dimensiones.

Cuando la estrella muere, cesan las reacciones de fusión nuclear, ya que el combustible que las alimenta se ha consumido. Al mismo tiempo, la gravedad estelar tira de la materia hacia dentro y comprime el núcleo, que se calienta y acaba formando una explosión supernova en la que la materia y la radiación salen disparadas al espacio. Lo que queda es un núcleo extremadamente comprimido e increíblemente sólido.

Este objeto es ahora un agujero negro y desaparece literalmente de la vista. Dado que la gravedad del núcleo es tan elevada, éste se hunde a través del tejido del espacio-tiempo, creando un agujero en el mismo. Lo que antes era el núcleo de la estrella se ha convertido en la parte central del agujero negro —llamado «singularidad»—. La abertura del agujero se conoce como «horizonte de los eventos».

Podrías imaginarlo como la boca del agujero negro. Cuando algo pasa cerca del horizonte de los eventos, es succionado, y una vez en su interior, todos los «eventos» (puntos en la cuadrimensionalidad del espacio-tiempo») se detienen; nada, ni siquiera la luz, puede escapar.

Existen dos tipos de agujeros negros:

❞ El Schwarzschild es el más simple. El núcleo no gira sobre sí mismo. Este tipo de agujero negro sólo tiene una singularidad y un horizonte de los eventos.

❞ El Kerr, que tal vez sea el más común. Gira sobre sí mismo porque la estrella de la que se formó también lo hacía. Cuando la estrella rotatoria se extingue, el núcleo continúa girando. Los agujeros negros Kerr constan de las partes siguientes:

- Singularidad: núcleo succionado
- Horizonte de los eventos: abertura del agujero
- Ergosfera: región en forma de huevo de espacio deformado alrededor del horizonte de los eventos (causado por la rotación del agujero negro, que «arrastra» el espacio que lo rodea)
- Límite estático: límite entre la ergosfera y el espacio normal

Los agujeros negros no consumen todo lo que hay a su alrededor. Si un objeto atraviesa la ergosfera, aún tiene posibilidades de escapar del agujero negro aprovechando la energía de la rotación del mismo. Sin embargo, si cruza el horizonte de los eventos, será succionado y le resultará imposible liberarse de su poderosísima atracción. Lo que sucede en el interior de los agujeros negros es una incógnita.

Así pues, ¿qué pasaría si el sol se convirtiera en un agujero negro? En realidad, las probabilidades de que esto suceda son prácticamente nulas. El núcleo solar no es lo bastante grande como para convertirse en un agujero negro. Cuando el sol muera, lo cual acontecerá dentro de unos 5.000 millones de años, los científicos creen que se expandirá y formará un gigante rojo, aumentando notablemente de tamaño y muy probablemente consumiendo a Mercurio, Venus y tal vez la Tierra. Al final, millones de años más tarde, el sol agotará literalmente sus reservas gaseosas, y cuando esto suceda, se formará una nebulosa planetaria que dejará atrás un núcleo muy denso y prácticamente de carbono de un tamaño aproximado al de nuestro planeta. Llegados a este punto, el sol se habrá convertido en una enana blanca, y a medida que la temperatura continúe enfriándose, se irá transformando en una enana negra.

Ahora, sólo por el placer de imaginar, supongamos que el sol se convierte en un agujero negro y que la Tierra y otros planetas consiguen sobrevivir a la transformación. Dado que el sol es una estrella que gira sobre sí misma, su núcleo seguiría rotando (agujero negro Kerr con ergosfera). Teniendo en cuenta que el núcleo solar es muy pequeño, la ergosfera también tendría unas dimensiones reducidas, tanto que es muy probable que los planetas continuaran orbitando con una absoluta normalidad. El agujero negro tendría la misma masa y, en consecuencia, la misma gravedad, que el sol original. Los planetas orbitantes no advertirían diferencia alguna.

Como es lógico pensar, si esto ocurriera, la vida tal y como la conocemos habría experimentado un cambio espectacular, pero por otra razón. Los agujeros negros no emiten luz. La oscuridad engulliría a la Tierra y haría un frío extremo. Es probable que los océanos se congelaran y que todas las formas de vida existentes en nuestro planeta murieran enseguida. Si los humanos consiguieran aislarse bajo tierra con un buen sistema para generar electricidad y calor, podrían sobrevivir. Pero en la superficie, el entorno sería de lo más inhóspito.

2

Tierra y mar

✳ ¿Qué pasaría si se fundiera el hielo de los casquetes polares? • ¿Qué pasaría si quisiéramos utilizar los icebergs como fuente de agua potable? • ¿Qué pasaría si un avión estuviera aterrizando en el aeropuerto de San Francisco en medio de un terrible terremoto? • ¿Qué pasaría si el oleoducto de Alaska hiciera explosión? • ¿Qué pasaría si cediera la presa de Hoover? • ¿Qué pasaría si un incendio arrasador se aproximara a tu casa? • ¿Qué pasaría si la fuente principal de suministro de agua quedara infectada por algún tipo de bacteria? • ¿Qué pasaría si quisieras construir una Gran Pirámide en la actualidad? ¿Resultaría muy difícil? • ¿Qué pasaría si cubriéramos una ciudad con una gigantesca cúpula de cristal? • ¿Qué pasaría si Estados Unidos depositara toda la basura en un colosal vertedero? • ¿Qué pasaría si no existiera gravedad en la Tierra? ¿Y si existiera el doble de gravedad?

¿Qué pasaría si se fundiera el hielo de los casquetes polares?

Es probable que hayas oído la expresión «calentamiento global». Según parece, en los últimos cien años la temperatura terrestre se ha incrementado en alrededor de medio grado centígrado. Desde luego, no parece mucho, pero incluso medio grado puede tener un gran efecto en nuestro planeta. En opinión de la Agencia de Protección Medioambiental de Estados Unidos, el nivel del mar se ha elevado de 15 a 20 cm en el transcurso del último siglo.

Esta temperatura más elevada puede hacer que se fundan algunos icebergs. Sin embargo, no es el agua fundida lo que está haciendo aumentar la altura de los océanos. Piensa en un vaso de agua lleno hasta la mitad. Echas un par de cubitos de hielo y el nivel del agua sube; cuantos más cubitos añades, más se eleva el nivel del agua. Los icebergs son ingentes pedazos de hielo flotantes que se desprenden de las masas de hielo continentales y se precipitan en el océano. Dicho en otras palabras, los icebergs son una especie de enormes cubitos de hielo que flotan en un gigantesco vaso de agua. Pues bien, la elevación de la temperatura puede estar haciendo que se formen más icebergs al debilitar los glaciares, ocasionando más grietas y facilitando el quebrantamiento del hielo. Tan pronto como éste se precipita en el océano, su nivel aumenta.

Si la creciente temperatura influye en los glaciares y los icebergs, ¿podrían los casquetes polares correr el riesgo de fundirse y provocar una gran subida del nivel del mar? En realidad, sí, aunque nadie sabe cuándo.

La principal masa continental cubierta de hielo es la Antártida, en el polo sur, con alrededor de un 90 % del hielo del planeta (y del 70 % de su agua potable). La Antártida está cubierta con una capa de hielo de 2.133 m de espesor. Si la totalidad del hielo de la Antártida se fundiera, el nivel oceánico ascendería en todo el mundo alrededor de 61 m. Pero la temperatura media en el polo sur es de −37 °C, de manera que el hielo no corre el menor peligro de fusión. A decir verdad, en la mayoría de las regiones del continente, la temperatura nunca supera la temperatura de congelación.

En el otro extremo de la Tierra, el polo norte, el hielo no es tan espeso como en el polo sur. El hielo flota en el océano Ártico, y si se fundiera, el nivel marino no resultaría afectado en lo más mínimo.

También existe una cantidad considerable de hielo cubriendo Groenlandia, que añadiría otros 7 m a los océanos si se fundiera. Dado que Groenlandia está más próxima al ecuador que la Antártida, las temperaturas son más elevadas, de tal modo que las posibilidades de fusión son mayores.

Pero podría existir una razón menos espectacular para el ascenso del nivel oceánico que la fusión del hielo polar: la temperatura más elevada del agua. El agua es más densa a 4 °C. Por encima y por debajo de esta temperatura, la densidad disminuye (el mismo peso de agua ocupa un mayor espacio). Por consiguiente, a medida que la temperatura global del agua aumenta, se expande un poco más, elevando el nivel oceánico.

En 1995, la Oficina Internacional sobre el Cambio Climático emitió un informe que contenía diversas proyecciones de la modificación del nivel del mar para el año 2100. Según estos datos, las aguas oceánicas se elevarán 50 cm (las estimaciones más bajas hablan de 15 cm, y las más altas, de 95 cm) como consecuencia de una expansión térmica del mar y de la fusión de los glaciares y las capas de hielo. Cincuenta centímetros no es una minucia y podría tener un gran efecto en las ciudades costeras, especialmente durante las tormentas.

¿Qué pasaría si quisiéramos utilizar los icebergs como fuente de agua potable?

El agua potable escasea en muchas partes del mundo. Lugares tales como el sur de California, Arabia Saudí y numerosos países del continente africano consumen toda el agua potable que son capaces de conseguir. Alrededor del 70 % del agua potable de la Tierra se halla en los casquetes polares, los cuales engendran icebergs continuamente. Así pues, sería lógico pensar en la posibilidad de arrastrar los enormes icebergs hasta los lugares del mundo que necesitan agua potable.

Sería fenomenal si resultara fácil transportar un gigante de hielo. Un iceberg de buen tamaño podría medir 900 × 450 × 180 m y contener alrededor de 90.000 millones de litros de agua. Si un millón de personas consumen 45 litros de agua diarios, entonces 90.000 millones de litros de agua satisfarían las necesidades de un millón de personas durante 5 años. Y para diez millones de personas, duraría doscientos días. Realmente es mucha agua.

La primera pregunta es: ¿se puede hacer? Con la tecnología actual y desde un punto de vista de fuerza bruta sería posible. Se podrían localizar grandes icebergs mediante satélites, engancharlos a remolcadores y arrastrarlos. Sin embargo, se plantean dos problemas que deberías solucionar para que la empresa resultara un éxito.

El primero es la fusión. Si alguna vez has colocado un cubito de hielo debajo del chorro de agua corriente, sabrás por experiencia que incluso el agua fría es capaz de fundir el cubito con suma rapidez. Es el mismo efecto que provoca la sensación térmica, aunque en el caso del agua corriente el efecto es mucho mayor. Si intentaras transportar un iceberg hasta el sur de California, se fundiría mucho antes de llegar. En consecuencia, deberías envolverlo en alguna especie de cubierta para aislarlo un poco. Incluso sería de desear que dicha cubierta fuese capaz de conservar en su interior el agua fundida para no perder ni una sola gota durante la travesía. Lógicamente, una cubierta de este tipo requeriría muchísima tela, y aun en el caso de estar confeccionada con Kevlar, existiría la posibilidad de que se desgarrara en el transcurso de una tormenta.

El segundo problema es el calado del iceberg. La expresión «punta del iceberg» deriva del hecho de que la mayoría de los colosos flotantes están sumergidos bajo el agua. Un gran témpano tiene centenares de metros de profundidad, y su tamaño haría muy difícil aproximarlo a tierra firme. Habría que fundirlo en su envoltorio de tela en alta mar y luego bombear el agua.

Para solucionar estos dos problemas, sería más fácil explotar los icebergs en el Ártico y llenar supercargueros con pedazos de hielo. Los supercargueros modernos son capaces de almacenar hasta 450 millones de litros de líquido. Una gotita en un cubo comparado con los 90.000 millones de litros de agua que contiene un gran iceberg, pero desde luego sería más rápido y más fácil que arrastrándolo. Y dado que el agua no plantea ninguno de los peligros medioambientales derivados del petróleo, sería posible construir buques mucho mayores para almacenar más líquido.

Sea como fuere, oirás hablar más y más del agua potable en los próximos años. Al crecer la población mundial, el agua se convertirá en un recurso fundamental en muchas zonas del mundo.

¿Qué pasaría si un avión estuviera aterrizando en el aeropuerto de San Francisco en medio de un terrible terremoto?

Un terremoto es uno de los fenómenos más aterradores que la naturaleza nos puede deparar. En general, solemos pensar que la tierra que pisamos es sólida como una roca y completamente estable, pero lo cierto es que un terremoto puede desmentir esta apreciación en un solo instante, y a menudo con una extrema violencia. Veamos cómo se originan los terremotos para comprender qué podría ocurrir cuando el avión aterrizara.

Un terremoto es una vibración que se desplaza a través de las corteza terrestre. Técnicamente, un gran camión con remolque que pasa zumbando por la calle está ocasionando un miniterremoto; en efecto, tu casa tiembla tanto que en ocasiones da la sensación de que esté a punto de desplomarse. Pero a decir verdad, tendemos a pensar en los terremotos como sucesos que afectan a un área relativamente grande, como por ejemplo una ciudad. Aunque pueden estar provocados por un sinfín de causas (erupciones volcánicas, explosiones subterráneas, etc.), la mayoría de los terremotos que se producen de forma natural tienen su origen en los movimientos de las placas terrestres. El estudio de este tipo de movimiento de placas se llama «tectónica de placas».

Los científicos han propuesto la idea de la tectónica de placas para explicar diversos fenómenos peculiares que se producen en nuestro planeta, tales como el aparente movimiento de los continentes a lo largo del tiempo, la acumulación de la actividad volcánica en ciertas áreas geográficas y la presencia de enormes fallas en el fondo del océano. Según la teoría básica, la capa superficial de la Tierra o litosfera consta de muchas placas que se deslizan sobre la capa lubrificada de la atenosfera, y allí donde se encuentran, aparecen las fallas, es decir, fracturas de la corteza terrestre en las que los bloques de roca se desplazan, a cada lado, en direcciones diferentes.

Los terremotos son mucho más comunes a lo largo de las líneas de falla que en el resto del planeta. Una de las fallas más conocidas es la de San Andrés, en California, que establece el límite entre la placa oceánica del Pacífico y la placa continental americana, extendiéndose a lo largo de 1.050 km. San Francisco, junto con su nuevo aeropuerto internacional, está situada muy cerca de esta falla.

Cuando se produce una fractura o movimiento repentino en la corteza terrestre, la energía irradia en forma de ondas sísmicas, al igual que la energía de una perturbación en una masa de agua lo hace en forma de olas. Las ondas superficiales, que constituyen un tipo de ondas sísmicas, actúan de un modo similar a las olas en una masa de agua: desplazan la superficie de la Tierra arriba y abajo, provocando innumerables daños.

En algunas zonas, los graves daños producidos por los terremotos son el resultado de la licuación del suelo. En efecto, cuando se dan las condiciones apropiadas, la violenta sacudida sísmica hace que los sedimentos poco compactos y la tierra se comporten como un líquido. Cuando se construye un edificio o una casa en este tipo de sedimentos, la licuación puede propiciar el desmoronamiento de la estructura. Durante el terremoto de Loma Prieta, la pista de aterrizaje principal del Aeropuerto Internacional de Oakland sufrió graves desperfectos a causa de la licuación. Incluso se hallaron grietas de 90 cm de anchura.

Para contribuir a la lucha contra los terremotos, el nuevo Aeropuerto Internacional de San Francisco ha recurrido a tecnologías de construcción muy sofisticadas, una de las cuales consiste en unos gigantescos cojinetes.

En los aeropuertos situados en áreas propensas a los terremotos hay que tomar en consideración diversas cuestiones de seguridad:

- La integridad de los edificios y terminales
- La integridad de la torre de control
- La integridad de las pistas de aterrizaje

Los 267 pilares que soportan el peso del aeropuerto disponen cada uno de ellos de un cojinete de acero de 1,5 m de diámetro. La bola descansa en una base cóncava que conecta con el suelo. En caso de producirse un terremoto, el terreno se puede desplazar 50 cm en cualquier dirección. Los pilares que descansan sobre las bolas de los cojinetes se mueven algo menos, ya que ruedan en su base, lo cual contribuye a aislar el edificio del movimiento del suelo. Al término del terremoto, la gravedad tira de nuevo de los pilares hacia el centro de su base. Esto protege de una forma muy eficaz a los pasajeros que están esperando para embarcar, pero ¿qué sucede con quienes están aterrizando?

Como ya hemos mencionado anteriormente, las pistas de aterrizaje pueden sufrir daños considerables debido a la licuación, de manera que una aeronave que aterrice inmediatamente después de un terremoto podría encontrarse con una pista en la que resultara complicado maniobrar. Si los controladores aéreos sienten el terremoto y pueden comunicarse por radio con el piloto, el avión podría desviarse y evitar el aterrizaje. Pero si se está produciendo el aterrizaje coincidiendo con la primera sacudida del terremoto, el problema no será excesivamente preocupante. El tren de aterrizaje del avión está diseñado para soportar las grandes sacudidas de los aterrizajes de emergencia y la maniobra resultará relativamente cómoda.

¿Qué pasaría si el oleoducto de Alaska hiciera explosión?

El oleoducto de Alaska es una asombrosa estructura que transporta el petróleo de los pozos situados muy al norte de Alaska hasta el puerto de Valdez, libre de hielos, en Alaska, donde lo recogen los superpetroleros. Tiene 1.280 km de longitud y 1,2 m de diámetro. Algunos tramos discurren por la superficie y otros son subterráneos. Durante el viaje cruza más de ochocientos ríos y arroyos.

Cada día circulan más de un millón de barriles de crudo por el oleoducto. A 190 litros por barril, esto significa un suministro de alrededor del 6 % del petróleo que se utiliza en Estados Unidos.

Qué ocurre si un cazador dispara contra el oleoducto

Te podrías hacer una idea bastante aproximada de lo que podría acontecer si el oleoducto de Alaska explotara analizando un suceso microcósmico que tuvo lugar en octubre de 2001. Un cazador, al parecer ebrio, disparó al oleoducto con un rifle de caza y lo perforó. El orificio de entrada de la bala no era muy grande; apenas del tamaño de una moneda de diez centavos. Sin embargo, a causa de la presión interior, se produjo un flujo de salida de 540 litros de crudo por minuto. El oleoducto permaneció parado durante treinta y seis horas y fue necesario drenar el petróleo de la sección perforada para poder repararla. Pero en estas treinta y seis horas, se vertieron más de 1.350.000 litros de crudo en los árboles y el suelo, creando una enorme laguna.

Si alguien hiciera estallar el oleoducto, el desastre ocasionado por una minúscula bala sería como una gotita de agua en el océano. Imaginemos que las autoridades reaccionaran rápidamente tras la explosión, que cerraran el oleoducto, que cerraran las válvulas para bloquear el reflujo del petróleo y que consiguieran controlarlo todo en veinticuatro horas. Se verterían en el suelo alrededor de 180 millones de litros de crudo, es decir, la cantidad suficiente para llenar 40.000 piscinas, o para llenar casi en su totalidad un superpetrolero como el Exxon Valdez, o para cubrir 40 ha de terreno con una capa de petróleo de 30 cm de profundidad.

E incluso sería peor si la fuga se produjera cerca de un río, ya que el crudo se vertería en él y se lo llevaría la corriente, destruyendo por completo los ecosistemas naturales.

Dicho en pocas palabras, ¡una auténtica catástrofe! Limpiar los 49.500.000 litros de crudo del Exxon Valdez costó más de 2.000 millones de dólares, aunque la ventaja de los vertidos en el mar consiste en que la mayor parte del petróleo permanece en sus aguas y nunca llega a tierra firme. En caso del oleoducto, representaría casi cuatro veces más de crudo en un mismo lugar y todo en tierra firme. Por otro lado, el vertido no tardaría en alcanzar los ríos y arroyos de las inmediaciones, al igual que el agua de lluvia, arrasando a su paso toda la vida natural.

¿Qué pasaría si cediera la presa de Hoover?

La presa de Hoover es uno de aquellos milagros del mundo moderno que desafía casi cualquier explicación. Si te sitúas al pie de la presa, su tamaño es increíble. Tiene más de 210 m de altura (imagina un edificio de setenta plantas), su sección superior mide más de 360 m de longitud, la base tiene un espesor de 198 m, y la parte superior, de 14 m. El agua, en el lado del lago, tiene 150 m de profundidad y éste contiene un total de 45 trillones de litros de agua, una cantidad suficiente para cubrir el estado de Connecticut con 3 m de líquido elemento.

Supongamos que la presa de Hoover se rompe. Realmente, es difícil de imaginar dado su espesor. Ninguna bomba convencional tendría el menor efecto en una presa de estas características. Incluso cuesta pensar en el posible efecto de una bomba nuclear, a menos que fuera extremadamente potente y que estuviera dentro de la presa en el momento de la detonación. Pero vamos a suponer que un terrible terremoto, el impacto de un meteorito o algún desastre natural de incalculables proporciones barriera la presa de Hoover en un abrir y cerrar de ojos. ¿Qué sucedería?

En primer lugar, 45 trillones de litros de agua se precipitarían fuera del lago y descenderían por el río formando un inmenso *tsunami*. La presa está situada en un área desértica y relativamente poco poblada al pie de la presa. Aun así, existen algunos núcleos de población de un cierto volumen. Lake Havasu City, con 40.000 habitantes, es la ciudad más grande en toda la longitud del río. Bullhead City, con 30.000 habitantes, también está próxima a la presa. Por su parte, Needles, en California, Blythe, en California, y Laughlin, en Nevada, tienen una población de 10.000 habitantes cada una de ellas.

Donde los daños causados por el agua serían catastróficos sería en los lagos situados por debajo de la presa de Hoover, como en el caso del gran lago Mohave, retenido por la presa de Davis, y más abajo el lago Havasu, retenido por la presa de Parker. Se trata de lagos más pequeños y de presas de menor envergadura. Así, por ejemplo, el lago Havasu sólo contiene 900 mil millones de litros de agua.

Cuando el agua liberada por la presa de Hoover alcanzara estos dos lagos, también los destruiría por completo, así como a sus respectivas presas. Y ahí es donde el impacto se dejaría sentir con una especial crudeza, ya que dichos lagos afectan a una enorme cantidad de seres humanos. El agua que contienen produce energía hidroeléctrica, riega campos de cultivo y suministra agua potable a ciudades tales como Los Ángeles, Las Vegas, Phoenix y San Diego.

La presa de Hoover produce alrededor de 2.000 megawatios de potencia. La de Davis y la de Parker producen menos, pero juntas podrían alcanzar los 3.000 megawatios, lo cual representa el 0,5 % de la energía eléctrica total producida en Estados Unidos. Si elimináramos semejante capacidad generadora, sobre todo en esta región del país (cerca de Los Ángeles y Las Vegas), los problemas serían inevitables.

La destrucción de las fuentes de suministro de agua de riego también tendría un colosal efecto en la agricultura de la región. Los granjeros del Imperial Valley obtienen la mayor parte del agua que utilizan del río Colorado, y dichos sistemas de riego quedarían absolutamente colapsados. Con anterioridad a la introducción del riego, el Imperial Valley era un desierto. Hoy es el hogar de más de 200.000 ha de tierras de cultivo y produce mil millones de dólares anuales en frutas y verduras.

Asimismo, los efectos serían catastróficos en el agua potable. Las Vegas, por ejemplo, obtiene el 85 % del agua del lago Mead, situado detrás de la presa de Hoover. Con la pérdida del agua y de la energía, esta ciudad se convertiría en un lugar inhabitable, suponiendo el desplazamiento de un millón y medio de residentes y la ocupación de 120.000 habitaciones de hotel, además de los casinos, y haciendo añicos la multimillonaria industria de las apuestas.

¿No es apasionante comprobar hasta qué punto dependen de esta presa tanto comercio y tanta gente?

¿Qué pasaría si un incendio arrasador se aproximara a tu casa?

En cuestión de segundos, una chispa, o incluso el propio calor del sol, puede desencadenar un infierno. Los incendios se propagan rápidamente, consumiendo la espesa y reseca vegetación, y casi todo lo que encuentran a su paso. Lo que otrora fue un bosque, se convierte de pronto en un horno incandescente. En un estallido aparentemente instantáneo, el fuego cubre miles de hectáreas de terreno, suponiendo un grave peligro para las casas y la vida de muchos lugareños.

En Estados Unidos cada año arde una media de 2 millones de hectáreas, ocasionando millones de dólares en pérdidas. Cuando se inicia un incendio, se puede propagar a una velocidad de hasta 23 km/h, consumiéndolo todo a su paso, y a medida que se extiende, puede adquirir vida propia, encontrando nuevas formas de multiplicarse e incluso dando origen a nuevos incendios más pequeños al arrojar tizones encendidos a kilómetros de distancia.

Tras la ignición, cuando el fuego empieza a arder, existen tres factores que controlan su propagación, y dependiendo de estos factores, un incendio puede extinguirse rápidamente o convertirse en un mecanismo arrasador que destruye miles de hectáreas. Son los siguientes:

- Combustible
- Climatología
- Topografía

Los incendios se propagan dependiendo del tipo y la cantidad de combustible que los rodea, que incluye desde los árboles y el sotobosque, hasta la hierba seca y las casas. La cantidad de material inflamable que rodea un fuego se conoce como «carga de combustible», que se mide por la cantidad de combustible disponible por unidad de superficie, habitualmente toneladas por hectárea. Una pequeña carga de combustible ocasionará un incendio que arderá y se propagará lentamente, con una escasa intensidad, pero si el combustible es abundante, el fuego arderá con una mayor intensidad, provocando una propagación más rápida. Cuanto más deprisa se calienta el material, más rápida puede ser su ignición.

Dado que la vegetación constituye el combustible primario de los incendios forestales, la Agencia para la Gestión de Emergencias Federales de Estados Unidos (FEMA) recomienda dejar una zona mínima de seguridad de 9 m alrededor de la casa. Además, deberías tener en cuenta las precauciones siguientes:

❥ Limitar el número y el tamaño de las plantas dentro de esta zona.

❥ Sustituir las especies altamente inflamables por vegetación menos inflamable.

❥ Podar los árboles desde la base del tronco hasta alrededor de 4,5 m.

❥ Arrancar las plantas trepadoras o la hiedra adosada a la casa.

❥ Cortar la hierba y podar los árboles y arbustos que hay en esta zona con una cierta regularidad.

❥ Eliminar los residuos vegetales tales como ramas y hojas caídas.

También se sugiere el establecimiento de una segunda zona, que se extendería hasta 30 m de la casa. Allí sería necesario reducir el volumen de vegetación y sustituir los árboles y arbustos altamente inflamables por variedades con un menor poder de ignición.

El follaje no es ni mucho menos el único culpable de la propagación de un incendio que se puede encontrar en las inmediaciones de la casa. También deberías considerar de qué material está construida y las fuentes de combustible que guardas en sus proximidades. Si vives en una zona con una larga historia de incendios forestales, es probable que tu casa ya esté revestida de materiales retardantes de la ignición. Así, por ejemplo, un tejado de pizarra o metálico resulta muchísimo más aconsejable que las tejas de madera habituales. Respecto a los cobertizos exteriores o construcciones diseñadas para almacenar materiales inflamables, tales como pintura, queroseno, gasolina o propano, deberías instalarlos a 3 o 4,5 m de la casa y de cualquier otra estructura. Esto incluye la barbacoa de gas de la terraza, por supuesto.

La temperatura influye directamente en el desencadenamiento de los incendios forestales. Las ramas, los árboles y el sotobosque reciben el calor radiante del sol, que calienta y seca los combustibles potenciales. A temperaturas más elevadas, aumentan las probabilidades de ignición de los combustibles y de que ardan más deprisa, acelerando la propagación del fuego. De ahí que los incendios forestales arrecien por la tarde, cuando las temperaturas son más cálidas.

El viento tal vez sea el factor que tiene una mayor incidencia en el comportamiento de un incendio forestal, además de ser el más impredecible. Suministra oxígeno adicional al fuego, le proporciona más combustible potencial seco y lo empuja a través del terreno a un ritmo más acelerado.

Cuanto más fuerte sopla el viento, más rápidamente se propaga el fuego. Asimismo, los incendios generan vientos propios diez veces más veloces que el viento ambiental e incluso pueden elevar ascuas en el aire y crear nuevos incendios. Este proceso se denomina «diseminación». Por otro lado, el viento también es capaz de cambiar la dirección del fuego, y las ráfagas pueden elevar el fuego hasta las copas de los árboles, originando una corona de fuego. Evidentemente, no es posible hacer nada para alterar la climatología, pero sí observarla detenidamente. Si se ha desencadenado un incendio forestal en tu zona, no está de más prestar atención a los cambios en la dirección del viento, su velocidad o la humedad. Cuando la humedad es baja, lo cual significa que existe una escasa cantidad de vapor de agua en el aire, es cuando aumentan las probabilidades de que se produzca un incendio. Por el contrario, a mayor humedad, menos probabilidades de que el combustible se reseque y arda.

Otro factor decisivo en el comportamiento de los incendios forestales es la topografía, o trazado del terreno. Aunque suele permanecer virtualmente inmutable a lo largo del tiempo, a diferencia del combustible y de la climatología, la topografía puede contribuir o dificultar la progresión del fuego. El elemento más importante en la topografía es la pendiente. A diferencia de los humanos, los incendios suelen desplazarse mucho más rápido cuesta arriba que cuesta abajo, y cuanto más pronunciada es la pendiente, más deprisa avanza el fuego. Los incendios viajan en la dirección del viento ambiental, que casi siempre fluye hacia arriba por la ladera de una colina o una montaña. Por si fuera poco, el humo y el calor derivados del fuego son capaces de precalentar el combustible situado mucho más arriba de la colina, pues se desplazan en esta dirección. Cuando un incendio alcanza la cima de una colina, su capacidad de avance cuesta abajo se reduce considerablemente al no poder precalentar el combustible situado a lo largo de la pendiente. Así pues, si vives en una colina deberás seguir estrictamente los consejos mencionados con anterioridad, asegurándote de que tu zona de seguridad cubre la cara de la pendiente de la propiedad. Asimismo, según FEMA, sería aconsejable ampliar la zona de seguridad más allá de los 9 m mínimos. Recuerda que de lo que se trata es de interrumpir el suministro de combustible para que el fuego no pueda propagarse.

Otra cosa que deberías hacer, tanto si tu residencia se halla en las proximidades de un incendio como si no, es disponer de un plan de evacuación. En caso de producirse un incendio forestal, dicho plan debería no sólo incluir el procedimiento más adecuado para abandonar la casa —asegúrate de instalar escaleras de incendios para las plantas superiores—, sino también una vía de escape con alternativas por si algunas carreteras estuvieran bloqueadas.

¿Qué pasaría si la fuente principal de suministro de agua quedara infectada por algún tipo de bacteria?

Uno de los milagros de la sociedad moderna es el abundante suministro de agua potable disponible en todos los hogares y empresas. Lo único que tienes que hacer es abrir el grifo para beber agua limpia y sin gérmenes. Solemos considerar este milagro como algo completamente normal, pero si alguna vez has viajado a un país que no dispone de un buen sistema de suministro de agua, sin duda habrás aprendido a apreciar la increíble importancia del nuestro.

¿Qué ocurriría en Estados Unidos si una fuente de suministro principal de agua quedara contaminada por algún tipo de bacteria? Ni que decir tiene que las bacterias lo tienen difícil para invadir la red de suministro de agua, ya que el sistema está especialmente diseñado para mantenerlas a distancia. Una típica red de suministro de agua bombea el líquido elemento desde un río o un lago, elimina los sedimentos en un tanque de precipitados, filtra el agua mediante un filtro de arena y luego la descontamina con cloro, ozono y/o luz ultravioleta para erradicar las bacterias restantes. El resultado es un agua potable limpia, saludable y totalmente libre de gérmenes.

No obstante, hay veces en que los sistemas de depuración se averían, lo cual acostumbra ser bastante común en las pequeñas redes de agua de las áreas rurales, donde el agua no se analiza ni controla con regularidad. Pero también puede suceder en las grandes ciudades. El peor caso ocurrido hasta la fecha se produjo en Milwaukee en 1993. Un protozoo llamado crytosporidium invadió el sistema de aguas, provocando la muerte de docenas de personas y aproximadamente 400.000 enfermos. La razón por la que dicho protozoo consiguió infectar el suministro de agua es que es muy pequeño y en consecuencia resistente al filtrado. Por otro lado, el cloro no resulta demasiado eficaz para combatirlo. Tras el incidente, en Milwaukee se instaló un sistema de ozono además del sistema de cloro para evitar que se repitiera en el futuro.

En los sistemas de agua de menor envergadura, y sobre todo en los que operan a partir de pozos en las zonas rurales, la contaminación por E. coli y el escaso control sanitario pueden acarrear problemas. El cloro mata a la bacteria E. coli, pero la concentración debe ser lo bastante alta y el tiempo de exposición lo suficientemente prolongado para que resulte eficaz. Algunas cepas de E. coli son letales, afectando especialmente a los niños y a los ancianos.

Así pues, la respuesta a la pregunta «¿Qué pasaría si el suministro de agua de la ciudad quedara contaminado?» es «Podría infectar a la mitad de la población». La solución a este problema consiste en el control constante y pormenorizado del proceso de depuración, además de la utilización de diferentes métodos de depuración capaces de hacer frente a distintos tipos de contaminación.

¿Qué pasaría si quisieras construir una Gran Pirámide en la actualidad? ¿Resultaría muy difícil?

Supongamos que quieres crear un parque temático llamado *Mundo Egipcio*, que entre otras cosas debería incluir una verdadera reconstrucción de la Gran Pirámide como pieza central del complejo. ¿Qué tendrías que hacer? ¿Facilitaría el proyecto la tecnología moderna?

Si quisieras ser ciento por ciento auténtico en este menester, deberías realizar todo el proyecto única y exclusivamente con «potencia humana». Se cree que la Gran Pirámide se construyó con una mano de obra de 5.000, 20.000 o 100.000 personas (dependiendo del experto que realiza la estimación) en el transcurso de veinte años poco más o menos. Lo mires por donde lo mires, se trata sin duda alguna de muchísimos hombres-años de esfuerzo. Aun en el caso de que pagaras a tus trabajadores el salario mínimo, sólo la mano de obra necesaria para realizar el proyecto costaría miles de millones de dólares.

La Gran Pirámide también resulta asombrosa desde el punto de vista de los materiales. La pirámide mide 227×227 m en la base y 144 m de altura. Se compone de más de dos millones de bloques con un peso del orden de 3 toneladas cada uno. Para construirla de bloques, primero deberías encontrar una cantera que pudiera proporcionarte semejante cantidad de piedra, cortarla en la propia cantera, cargarla en camiones o ferrocarriles, transportarla hasta el emplazamiento de construcción, descargarla, izarla, etc. Desde luego, trabajar con bloques de piedra supone un esfuerzo excesivo. Se puede hacer, pero sería demasiado complejo.

Debe de haber una forma más fácil. En efecto, la hay si recurrimos a la tecnología actual, y más concretamente al hormigón. Sería como construir la presa de Hoover, que contiene aproximadamente la misma cantidad de hormigón que el contenido en piedra de la Gran Pirámide. Con hormigón se puede moldear la forma deseada y verter con suma facilidad.

Para construir la presa de Hoover fueron necesarios más de tres millones de metros cúbicos de hormigón. Dado el tiempo de secado del hormigón y la cantidad de calor que se genera durante dicho proceso, la presa se vertió en secciones de alrededor de 15 × 15 m de lado y 1,5 m de altura. Los obreros empotraron conductos de refrigeración en el hormigón mientras lo vertían, haciendo circular agua fría para eliminar una parte del calor durante el secado. Un bloque de 1,5 m de altura tardaba en secar entre 36 y 72 horas, y había que esperar ese período de tiempo antes de colocar otro bloque encima. Con esta tecnología, la presa de Hoover estuvo terminada en menos de dos años.

Esta misma técnica daría excelentes resultados para recrear la Gran Pirámide, que es un poco más pequeña que la presa de Hoover —sólo se necesitarían alrededor de 2,5 millones de metros cúbicos de hormigón—. Pero aun así, sería un proyecto muy caro. En efecto, si lo compraras por carga de camión (camionada), el hormigón costaría unos 80 dólares el metro cuadrado. Para un trabajo de esta envergadura sería preferible construir una fábrica de hormigón especialmente destinada a abastecer la obra de material. Imaginemos que de este modo consigues que el coste se reduzca a 50 dólares por metro cuadrado. Esto significaría que sólo el hormigón costaría 125 millones de dólares. Si a ello le añadieras la mano de obra, los costes de diseño, etc. es muy probable que la cifra se duplicara. Así pues, tu nueva Gran Pirámide podría costar alrededor de 250 o 300 millones de dólares.

¿Qué pasaría si cubriéramos una ciudad con una gigantesca cúpula de cristal?

En una de sus tiras cómicas, Calvin y Hobbes mantienen una conversación muy divertida. Es la siguiente:

Hobbes: Una nueva década se aproxima.

Calvin: Sí, ¡es genial! Pero..., ¿dónde están los coches volantes?, ¿dónde están las colonias en la luna?, ¿dónde están los robots personales y las botas de gravedad cero, eh? ¡¿A esto le llamas tú una nueva década?! ¿¿Esto es lo que tu llamas futuro?? ¡Ja! ¿Dónde están los viajes turísticos en cohete? ¿Dónde están los rayos desintegradores? ¿Dónde están las ciudades flotantes?

Hobbes: Francamente, no creo que la gente tenga el cerebro adecuado para gestionar la tecnología de la que dispone.

Calvin: ¡Pero fíjate! ¡Aún tenemos la climatología! ¡Déjame en paz!

CALVIN AND HOBBES (Watterson, reimpreso con la autorización de UNIVERSAL PRESS SYNDICATE. Todos los derechos reservados.)

La gente piensa en ciudades cubiertas por una cúpula porque, tal y como señala Calvin, todavía no hemos conseguido hallar la forma de controlar la climatología. Si en todo el mundo se pudiera disfrutar del clima de San Diego, probablemente ni se les pasaría por la cabeza. Por desgracia, en las grandes urbes tales como Buffalo, Minneapolis, Nueva York y Chicago la climatología no tiene ni remotamente que ver con la de San Diego, ¡especialmente en invierno!

La finalidad de cubrir una ciudad con una cúpula es la siguiente:

- Conseguir una misma temperatura durante todo el año.
- Que no llueva ni nieve para no arruinar los picnics y las bodas.
- Eliminar los efectos cancerígenos de la luz solar durante las actividades al aire libre.

Ha habido innumerables intentos de crear, a pequeña escala, ciudades cubiertas por una cúpula. Veamos algunos ejemplos:

- 𝟿𝟿 Mall of America, cerca de Minneapolis, es una diminuta ciudad bajo el cristal. Dispone de 32 ha de pavimento (en 11 ha de terreno), 500 comercios, 80 restaurantes y un parque de atracciones interior.

- 𝟿𝟿 Biosphere 2 es un gigantesco laboratorio completamente hermético de 1,2 ha de superficie.

- 𝟿𝟿 Los dos invernaderos Eden, en Inglaterra, son cúpulas geodésicas que cubren alrededor de 2 ha de terreno.

- 𝟿𝟿 Cualquier estadio cupular cubre entre 3,2 y 4 ha.

¿Qué pasaría si ampliáramos estos proyectos a una ciudad y cubriéramos una superficie del orden de 260 ha (aprox. 2 km²)? Estamos hablando de seleccionar una parcela de terreno de alrededor de 2 km de lado o de una superficie circular de 1,8 km de diámetro y de cubrirla por completo.

La primera pregunta es qué tecnología se debería utilizar para cubrir un espacio tan enorme. Existen tres posibilidades:

- 𝟿𝟿 Mall of America emplea las típicas tecnologías de construcción de centros comerciales, es decir, hormigón y paredes de bloque, puntales, claraboyas, etc. No se trata de una arquitectura excesivamente inspiradora ni rebosante de *glamour* (habría centenares de pilares y paredes en la ciudad, en lugar de una diáfana cúpula de 2 km de ancho), pero por lo menos es fácil imaginar un proceso de construcción mediante el uso de estas mismas técnicas para cubrir 2 km².

- 𝟿𝟿 El proyecto Eden utiliza una cúpula geodésica y paneles hexagonales con múltiples capas hinchables de un film de plástico muy fino. El peso de la estructura geodésica y de los paneles es prácticamente igual al peso del aire contenido en el interior de la cúpula.

❞ El British Columbia Place Stadium está cubierto por fibra de vidrio revestida de Teflón que se sostiene gracias a la presión del aire. En efecto, la presión interior es sólo 0,002 kg/cm² más elevada que la presión atmosférica normal. Dieciséis ventiladores de cien caballos de potencia suministran la presión extra.

En un proyecto como el de cubrir una ciudad con una cúpula, algunos edificios podrían formar parte de su estructura. Por ejemplo, seis rascacielos en el centro de la ciudad actuarían a modo de otros tantos pilares que soportarían el peso central de la cúpula, con otros edificios distribuidos por la ciudad actuando como pilares más cortos.

Realmente, con el uso de la tecnología del centro comercial, y probablemente con el de cualquiera de las otras dos tecnologías, sería fácil crear una concha protectora que cubriera una superficie de 2 km². Veamos algunas de las preguntas más interesantes que se plantearían si alguien intentara hacer realidad semejante proyecto:

¿Cuánta gente podría vivir bajo la cúpula? Supondremos que su interior está estructurado en edificios de una altura media de diez plantas. Algunos serían más altos, mientras que otras zonas de la ciudad estarían destinadas a parques o construcciones de menor envergadura. La media sería pues de diez plantas, lo cual nos da un total de 84.000.000 m² de espacio de pavimento. Si suponemos que una persona media necesita alrededor de 150 m² de espacio para vivir, otros 150 m² de espacio de trabajo (para los estudiantes, espacio de aulas; para los ejecutivos, espacio de oficina, etc.) y 150 m² de espacio abierto para cosas tales como calles, parques, áreas comunes, ascensores, etc., entonces la ciudad podría albergar a casi 200.000 habitantes. Sin embargo, es probable que la propiedad del suelo debajo de la cúpula sea extremadamente cara y que la gente se vea obligada a alojarse en espacios mucho más reducidos de los que son habituales en la actualidad. En otras palabras, el espacio ocupado por persona podría ser sólo de

150 m², lo cual permitiría albergar más de medio millón de personas en la ciudad.

¿Cuál sería el coste de la construcción? En dólares actuales, el espacio en un rascacielos cuesta alrededor de 1.400 dólares por metro cuadrado de construcción, al igual que los invernaderos Eden. Así pues, utilizaremos esta cifra. Supongamos que el coste de la cúpula por metro cuadrado de espacio de pavimento es de 400 dólares adicionales, lo que significa un coste total de 1.800 dólares por metro cuadrado. Partiendo de esta base, el coste total de este proyecto ascendería a 140.000 millones de dólares, o lo que es lo mismo, 250.000 dólares por residente, una cifra sin duda nada descabellada si lo piensas fríamente.

¿Cuál sería el coste derivado de calentar y enfriar esta enorme estructura? Es imposible de decir, pues depende del tipo de construcción, del emplazamiento, etc. Sin embargo, es interesante resaltar que Mall of America no tiene que gastar un solo dólar en calefacción a pesar de estar situado en Minnesota. La iluminaria y la gente suministran el suficiente calor. El problema residirá en enfriar semejante estructura, sobre todo durante los períodos de insolación. Una forma de solucionar este dilema consistiría en ubicar la ciudad cupular en una zona de clima muy frío.

¿Cómo se desplazaría la gente? La distancia máxima entre dos puntos cualesquiera en la ciudad sería aproximadamente de 1,6 km, lo que significa que una persona podría desplazarse andando a cualquier lugar en media hora o tal vez menos. Caminar sería el medio de transporte principal, si no el único, para los residentes en la ciudad. Con todo, se debería diseñar algún tipo de transporte especial para los alimentos y demás productos de venta al detalle. Un sistema de trenes subterráneos constituiría la mejor solución.

Lo que debes comprender después de haber reflexionado acerca de la posibilidad de construir una ciudad cubierta por una cúpula es que la idea no es ni mucho menos inimaginable, y es probable que se pueda desarrollar en una o dos décadas. ¡Por cierto, la gente podría planificar sus fines de semana sin tener que preocuparse de la climatología! ¡Una ventaja añadida!

¿Qué pasaría si Estados Unidos depositara toda la basura en un colosal vertedero?

Actualmente, en Estados Unidos existen vertederos de basuras por doquier. No obstante, cada vez es más y más difícil crear nuevos vertederos, pues nadie desea vivir en sus inmediaciones. Así pues, ¿qué pasaría si se instalara un gigantesco vertedero en una zona remota del país y se empezara a llenar con toda la basura municipal que genera América a diario? ¿Qué dimensiones debería tener el vertedero en cuestión?

Dependiendo de la parte del país en la que vive cada ciudadano y de la fuente de información, se estima que una persona media produce en Estados Unidos alrededor de 1,3 a 1,8 kg de basura diaria de toda clase: recipientes de alimentos (botellas, latas, cajas de pizza), periódicos y revistas, ropa vieja, moqueta, pilas, electrodomésticos y juguetes averiados, vasos de poliestireno y material de embalaje, correo basura, pañales desechables..., entre un larguísimo etcétera.

Desde la perspectiva de un vertedero, lo que cuenta no es tanto el peso de la basura como el volumen de la misma. Cosas tales como el poliestireno, el papel y las botellas y latas vacías pueden ocupar muchísimo espacio en comparación con su peso. Dicho de otro modo, la basura es muy ligera por el volumen que ocupa. El agua pesa 1 g/cm³. Una bolsa de basura llena hasta los topes flota fácilmente en el agua. Supongamos pues que la basura tiene una densidad media de 0,33 g/cm³.

Por último, supongamos también que la población de Estados Unidos es de 300 millones de habitantes.

Esto significa que, en un año, 300 millones de personas, cada una de las cuales produciría 1,6 kg de basura diaria, generarían 55.301.337.843 m³ de basura. ¡Una barbaridad! Si la amontonáramos en una pila de 120 m (tan alto como un edificio de cuarenta plantas), cubriría una extensión de 400 ha de terreno.

Si continuáramos llenando este vertedero durante cien años, y suponiendo que durante este período de tiempo la población de Estados Unidos se habría duplicado, entonces cubriría 64.000 ha, o 320 km², con una pila de 120 m.

Veamos otra forma de considerarlo. La Gran Pirámide de Egipto mide 227 × 227 m en la base y 144 m de altura, y cualquiera que la haya visto al natural sabe cuán colosal es —una de las mayores edificaciones jamás construidas por el hombre—. Si apilas en forma de Gran Pirámide toda la basura que Estados Unidos generaría en cien años, su tamaño sería treinta y dos veces más grande. En consecuencia, la base de semejante pirámide de escombros mediría 7,2 × 7,2 km, y se elevaría hasta casi 4,8 km.

Muchísima basura, ¿no te parece?

¿Qué pasaría si no existiera gravedad en la Tierra? ¿Y si existiera el doble de gravedad?

La gravedad es una de aquellas cosas en las que habitualmente no solemos pensar porque forman parte de nuestra vida. Concretamente, hay dos cosas que solemos dar por sentado: el hecho de que siempre está ahí y el hecho de que nunca cambia. Si la gravedad terrestre experimentara una alteración significativa, tendría un enorme efecto en casi todo, ya que la mayoría de las cosas están diseñadas en torno al estado actual de la gravedad.

Sin embargo, antes de abordar los cambios en la gravedad, conviene saber en qué consiste. La gravedad es una fuerza de atracción entre dos átomos. Imaginemos que coges dos pelotas de golf y que las colocas sobre una mesa. Entre los átomos de estas dos pelotas existirá una atracción gravitatoria increíblemente leve. Si utilizaras dos piezas sólidas de plomo y algunos instrumentos extremadamente precisos, podrías medir una atracción infinitesimal entre ambas. En realidad, la fuerza de atracción gravitatoria sólo es significativa cuando se reúne un número gigantesco de átomos, como en el caso del planeta Tierra.

La razón por la cual la gravedad terrestre es inmutable reside en que la masa planetaria no cambia jamás. Por lo tanto, la única forma de alterar la gravedad en la Tierra consistiría en cambiar su masa. Un cambio lo bastante grande en la gravedad de nuestro planeta podría ocasionar una alteración de la gravedad, pero desde luego, esto es algo que por el momento no va a suceder.

Pero ignoremos la física e imaginemos que un día la Tierra se quedara sin gravedad. Sería un día funesto. Dependemos de ella para que todo se mantenga en su sitio —automóviles, mobiliario, lápices y papeles en el escritorio, etc.—. Todo lo que no estuviera bien sujeto o anclado empezaría a flotar. Pero no es sólo el mobiliario y otras cosas por el estilo lo que empezaría a flotar, sino también dos de las cosas más importantes que la gravedad mantiene en su sitio: la atmósfera y el agua de los océanos, lagos y ríos. Sin gravedad, el aire de la atmósfera se escaparía inmediatamente hacia el espacio. Éste es el problema que tiene la luna, que carece de la gravedad suficiente para retener una atmósfera a su alrededor, orbitando en un vacío casi absoluto. Sin atmósfera, todos los seres vivos morirían de inmediato, y todo líquido herviría y se disiparía en el espacio.

En otras palabras, si el planeta careciera de gravedad, nadie moraría en él.

Por otro lado, si la gravedad se duplicara súbitamente, el resultado sería prácticamente igual de funesto, ya que todo pesaría el doble. Los problemas con las estructuras serían acuciantes. Las viviendas, puentes, rascacielos, patas de las mesas, columnas de soporte, etc. tienen un tamaño adecuado a la gravedad normal. La mayoría de las estructuras se desmoronarían enseguida al duplicar la carga. Los árboles y las plantas también tendrían problemas, así como las líneas de alta tensión y la presión del aire, que se duplicaría instantáneamente y afectaría gravemente a la climatología.

Lo que demuestra esta respuesta es lo fundamental que resulta la gravedad para nuestro mundo. No podemos vivir sin ella y no podemos permitirnos el lujo de que cambie. ¡Es una de las auténticas constantes en nuestra vida!

3

En carretera

✳ ¿Qué pasaría si echaras azúcar en el depósito de gasolina de un automóvil? • ¿Qué pasaría si pusieras gasóleo en un automóvil que sólo puede funcionar con gasolina sin plomo? • ¿Qué pasaría si intentaras conducir tu coche por debajo del agua? • ¿Qué pasaría si metieras la marcha atrás mientras estás conduciendo por la autopista? • ¿Qué pasaría si los circuitos de Fórmula 1 presentaran loopings en lugar de estar construidos en un terreno llano? • ¿Qué pasaría si los frenos del automóvil dejaran de funcionar? • ¿Qué pasaría si no cambiaras nunca el aceite del coche? • ¿Qué pasaría si bombearas oxígeno puro en el motor del automóvil en lugar de utilizar el aire de la atmósfera? • ¿Qué pasaría si tu coche pudiera funcionar con etanol? ¿Cuánto maíz necesitarías para viajar desde Los Ángeles hasta Nueva York? • ¿Qué pasaría si instalaras un motor de un caballo de potencia en tu coche? ¿Ahorrarías mucho dinero en gasolina?

¿Qué pasaría si echaras azúcar en el depósito de gasolina de un automóvil?

Por alguna razón, existe un rumor muy común acerca del azúcar y la gasolina que corre de boca en boca desde hace décadas. Según dicho rumor, si echas azúcar en un depósito de gasolina, averías el automóvil, pues se supone que el azúcar reacciona con el carburante y lo transforma en una sustancia pegajosa semisólida —que obtura por completo el depósito, los conductos de suministro de combustible, etc.

¡Parece estupendo! Sobre todo si tienes alguna rencilla con alguien. El problema de este rumor reside sencillamente en que es incierto. El azúcar no se disuelve en la gasolina. Si echaras arena en el tanque, el efecto sería idéntico al de echar azúcar. Tanto la arena como el azúcar obturarían el filtro, lo cual podría averiar el coche, aunque no es seguro.

Así pues, ¿qué es lo que debes hacer si realmente deseas averiarle el automóvil a alguien? Echa un poco de agua. La gasolina flota sobre el agua, de manera que si viertes varios vasos de agua, la bomba de combustible llenará de agua los conductos de suministro en lugar de llenarlos de gasolina, y el vehículo sufrirá graves problemas.

Otra alternativa consiste, naturalmente, en drenar toda la gasolina del depósito, o si el capó está abierto, desmontar la batería, lo cual desconecta por completo el sistema eléctrico, incluyendo las bujías de encendido y el ordenador que controla el motor en la mayoría de los automóviles modernos. También podrías incendiarlo...

¿Qué pasaría si pusieras gasóleo en un automóvil que sólo puede funcionar con gasolina sin plomo?

Supón que llegas a una gasolinera y que estás completamente distraído. Por ejemplo, llevas en el coche a tus tres hijos, además de tres amigos, os dirigís al zoo y los seis están pidiendo a gritos un helado. Fruto de esta distracción, seleccionas sin darte cuenta la manguera de gasóleo en lugar de la correspondiente a la de gasolina sin plomo, y llenas el depósito. ¿Qué sucedería?

En primer lugar, hay que señalar que esta situación es imposible en la mayoría de los automóviles. Cualquier coche fabricado en los últimos veinticinco años dispone de una placa debajo del tapón del tanque que sólo permite la entrada de la pequeña boquilla de la manguera de gasolina sin plomo. Cuando apareció la gasolina sin plomo, esta placa impedía que los conductores llenaran inadvertidamente su depósito con este tipo de carburante —las boquillas de la gasolina sin plomo y con plomo eran de diferente tamaño—. Pues bien, la boquilla de las mangueras de gasóleo es aún más grande que las de gasolina con plomo y no encaja en el depósito de combustible de la mayoría de los automóviles. Sin embargo, prácticamente todas las motocicletas y camiones carecen de esta placa, de manera que es fácil incurrir en este error. Lo mismo ocurre si conduces un modelo más antiguo.

Imaginemos pues que has conseguido llenar el tanque de gasolina con gasóleo. Si alguna vez has comparado la gasolina con el gasóleo, habrás observado que huelen diferente. También el tacto es diferente —el gasóleo es aceitoso—. Por otro lado, al igual que el aceite y a diferencia de la gasolina, el gasóleo no se evapora. Asimismo, es más pesado: 4,5 litros de gasóleo pesan 450 g más que 4,5 litros de gasolina.

Si tuvieras el depósito de gasolina lleno de gasóleo, los inyectores del motor lo inyectarían a los cilindros y las bujías de encendido arderían, pero no ocurriría nada más. Dado que el gasóleo no se evapora, las bujías no tendrían nada para efectuar la ignición, y el motor nunca arrancaría.

Para solucionar el problema, deberías drenar todo el gasóleo del depósito y rellenarlo de gasolina. Luego tendrías que darle al motor de arranque durante un rato para vaciar de gasóleo los conductos y los inyectores. Por último, el motor arrancaría y funcionaría con normalidad y sin daño alguno.

Una pregunta lógica que se desprende de todo lo expuesto hasta el momento es: si el gasóleo no quema en un motor de gasolina, ¿por qué lo hace en un motor diesel? Existen dos grandes diferencias entre los motores de gasolina y diesel:

> Primera, los motores diesel no disponen de bujías de encendido.

> Segunda, tienen unos coeficientes de compresión mucho más elevados. Cuando el motor diesel comprime el aire, éste se calienta sobremanera. El gasóleo se inyecta directamente en el aire caliente, el cual se halla a una temperatura lo bastante elevada como para evaporarse y provocar la ignición del combustible.

¿Qué pasaría si intentaras conducir tu coche por debajo del agua?

En muchas películas y documentales militares aparecen Jeeps y otros vehículos de combate casi sumergiéndose al cruzar un río. Lo cierto es que están especialmente diseñados para ello, pero ¿qué sucedería si intentaras conducir tu coche sumergido a través de un río poco profundo o de un estanque de 1,20 m de profundidad? Se detendría inmediatamente. ¿Dónde reside la diferencia?

Diseñar un vehículo capaz de circular sumergido constituye todo un reto. Para que funcione cualquier tipo de motor de combustión debe disponer de una fuente de aire y poder expulsar los gases de escape. Si el agua no es demasiado profunda, los gases se liberan igualmente, ya que son capaces de ser expulsados con el motor bajo presión.

El problema suele residir en la entrada de aire. Tan pronto como ésta se sumerge, el motor no puede absorber aire y deja de funcionar. Una solución consiste en añadir un largo tubo de buceo al sistema de entrada de aire. Por ejemplo, los Humvees militares suelen disponer de un tubo de buceo conectado a un puerto, en el lado del pasajero de la cabina. Dicho tubo les permite sumergirse hasta 1,5 m de profundidad y aun así seguir absorbiendo aire.

A continuación tendrás que impermeabilizar el motor. Existen un sinfín de cuestiones en las que pensar, como por ejemplo:

❥ Los dispositivos eléctricos, tales como instrumentos, ordenadores de control del motor, motores (para ventiladores, limpiaparabrisas, etc.), luces y batería deben estar herméticos.

❥ El sistema de ventilación del cárter del cigüeñal y el diferencial también deben estar herméticamente sellados (o ventilados al mismo nivel que el tubo de buceo).

❥ El depósito de carburante debe ser hermético y estar debidamente ventilado.

❥ Cualquier cámara o compartimiento que pudiera llenarse de agua debe disponer de un drenaje.

Si se ha cuidado la entrada y salida de aire, y el motor se ha impermeabilizado por completo, el vehículo podrá funcionar bajo el agua.

En general, la impermeabilización de un motor diesel es más fácil que la de un motor de gasolina, debido a que tanto el sistema de ignición como las bujías de encendido de este último funcionan a alto voltaje, y sellarlos resulta muy difícil (aunque no imposible). Por otro lado, los motores diesel carecen de sistema de encendido. Asimismo, si disponen de una bomba mecánica de combustible para los inyectores y una transmisión igualmente mecánica, no hay componentes eléctricos de control del motor de que preocuparse. Estas características pueden hacer que un motor diesel sea relativamente fácil de impermeabilizar. De ahí que la mayoría de los vehículos militares que vadean ríos o se desplazan sumergidos estén provistos de este tipo de motor.

¿Qué pasaría si metieras la marcha atrás mientras estás conduciendo por la autopista?

Ésta es una de las preguntas más curiosas que se plantea muchísima gente. Mientras se conduce un coche, cualquiera imaginaría que es fácil desplazar la palanca hasta la posición «R» de marcha atrás en cualquier momento, aunque lo más probable es que ni siquiera se te haya pasado por la cabeza intentarlo y satisfacer así tu curiosidad, entre otras cosas porque supones que eso provocaría la explosión de la transmisión o algo por el estilo. De ahí que siempre te estés haciendo la misma pregunta...

La marcha atrás en cualquier automóvil de transmisión manual es una pieza de maquinaria increíblemente simple. Hay un eje dentado que obtiene su potencia del motor, y otro, también dentado, que se encarga de la transmisión a las ruedas. Para meter la marcha atrás, el cambio se coloca entre los

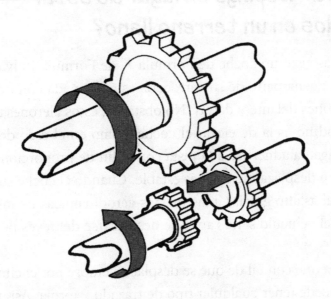

dos ejes para encajar en sendos dentados, introduciendo sus propios dientes en los de ambos ejes y engranándolos. La ilustración de la página anterior muestra cómo funciona.

A decir verdad, la respuesta a esta pregunta es bastante decepcionante. Si intentas meter la marcha atrás mientras circulas por la carretera, el cambio se verá obligado a engranar dos ejes giratorios, uno de los cuales gira rápidamente en dirección contraria. Lo que oirás es el detestable chasquido provocado por el rechinar de los dientes entre sí. Sin embargo, es imposible engranar el cambio en esta situación, con lo cual, no ocurriría nada. Ni explosionaría la transmisión ni se invertiría automáticamente el sentido de su marcha, aunque esto es lo que suele ocurrir en los dibujos animados.

La única posibilidad de meter la marcha atrás en un automóvil es cuando está totalmente parado.

¿Qué pasaría si los circuitos de Fórmula 1 presentaran loopings en lugar de estar construidos en un terreno llano?

Si alguna vez has visto un coche de Fórmula 1, de Fórmula Indy o de Champ, sabrás que una buena parte de su carrocería está diseñada con fines aerodinámicos, con alerones delante y detrás. No obstante, estos alerones están invertidos. Su finalidad no es la de elevar el coche, como en el caso de los aviones, sino que lo obligan a adherirse a la pista con el fin de proporcionarle una mayor tracción y un desplazamiento más estable. Cuando el coche supera los 320 km/h, se pega al asfalto gracias a las fuerzas aerodinámicas de los alerones. A esta velocidad, el vehículo sería capaz de desplazarse del revés por el techo de un túnel.

Esto significa que con tal de que se desplace siempre por encima de los 320 km/h, la pista puede tener cualquier tipo de trazado y forma. Así, por ejemplo, podrías construir un circuito circular y con las paredes completamente verticales. También podrías incluir *loopings* o hacer que los coches se desplazaran del revés. Nada de eso importa, ya que el coche se pegará a la pista.

Siempre que la forma del circuito no someta a los pilotos a más de 4G (a ser posible, no más de 3G) y de que exista la suficiente fuerza en los neumáticos como para que se agarren firmemente al suelo, los coches y los pilotos serán capaces de negociar casi cualquier trazado.

Al límite

Los pilotos son seres humanos y existen unos límites perfectamente definidos acerca de lo que el cuerpo puede tolerar. Veamos un magnífico ejemplo. En el año 2001, CART (Championship Auto Racing Teams) programó una carrera en el Circuito Texas Motor, una pista corta de 2,4 km de longitud en forma de óvalo compacto que gira con un peralte de 24°. Cuando los pilotos probaron la pista a 384 km/h, la mayoría de ellos experimentó náuseas y vértigo. Los extremos eran muy cerrados y a semejante velocidad sometía a los pilotos a 5G, es decir, cinco veces la fuerza normal de la gravedad. Un circuito normal tiene un máximo de 3G. A 5G, una persona que pese 80 kg pesaría 400 kg. 5G es una fuerza suficiente para ocasionar problemas de riego sanguíneo al cerebro. Asimismo, 5G también alteran los sensores de equilibrio del cuerpo en el oído interno.

¿Qué pasaría si los frenos del automóvil dejaran de funcionar?

Supón que estás conduciendo por la autopista, que llegas a tu salida y que pisas el freno..., pero el coche no se desacelera. No importa cuán fuerte lo pises, ni el menor signo de reducción de la marcha. ¡Vas sin frenos! ¿¿¿Qué vas a hacer???

En la mayoría de los automóviles modernos, al pisar el freno, empujas un pistón, el cual inyecta líquido de frenos en el cilindro principal, presurizando el líquido, que fluye a través de unos finos conductos llamados líneas de freno hasta los pistones de cada rueda. Estos pistones someten a presión las pastillas de los frenos y los ponen en contacto con un disco o un tambor para detener el vehículo. Si sufrieras una catastrófica pérdida de líquido de frenos o si alguien hubiera cortado las líneas de freno, al pisar el pedal no ocurriría absolutamente nada.

Lo primero que debes hacer si alguna vez te encuentras en la situación de «¡voy sin frenos!» es intentar bombearlos. Si las líneas de freno tienen una pequeña fuga, en lugar de un corte, podrás bombear la cantidad suficiente de líquido en el sistema como para controlar el coche.

Lo siguiente que debes hacer es probar el freno de mano o de emergencia —¡realmente se trata de una emergencia!—, aunque si alguien ha cortado las líneas de freno, es probable que haya sido lo bastante astuto como para cortar también el cable del freno de mano. Así pues, imaginemos que tampoco funciona.

¡Ahora sí tienes un verdadero problema! Prueba con la transmisión. Puedes reducir gradualmente de marcha y utilizar el motor para frenar. Muchísimos conductores lo hacen habitualmente con su transmisión manual, y funciona exactamente igual con una transmisión automática. Reduce a una marcha más lenta, espera a que la velocidad disminuya y luego reduce otra marcha; así hasta que el automóvil se detenga. Si la autopista dispone de una mediana con hierba, dirige el vehículo hasta ella. La superficie de la hierba y las irregularidades del terreno ofrecerán un poco de resistencia al avance y contribuirán a ralentizar el coche.

Si lo has probado todo y te das cuenta de que vas a chocar antes de conseguir detenerlo, piensa estratégicamente. Por ejemplo, ante la posibilidad de colisionar contra algo sólido —el pilar de hormigón de un puente— o contra algo que pueda ceder ligeramente con el contacto —una valla de cadena—, elige este último caso. Por otro lado, si tienes la oportunidad de reducir la velocidad del automóvil rozando el lateral contra un muro o un guardarraíl, será una excelente idea, y si puedes dirigir el vehículo hasta la cuesta de un terraplén, también te ayudará.

Dicho de otro modo, si tienes tiempo de salvar el coche utilizando algo no destructivo, como la transmisión o un terraplén, no lo pienses dos veces. Y si no puedes salvarlo, entonces sálvate tú y a quienes te acompañan. Haz todo lo posible para evitar daños personales colisionando contra algo «suave» o rozando el lateral del coche contra un muro para reducir la velocidad. Y si también falla, ¡relájate y confía en que el *airbag* esté en perfectas condiciones!

¿Qué pasaría si no cambiaras nunca el aceite del coche?

La sangre en el cuerpo, el agua en el desierto y el aceite en el motor. Todos estos fluidos son vitales. Sin ellos, algo o alguien moriría.

El aceite es un lubricante esencial para el motor de un automóvil, pues permite que el metal friccione contra el metal sin el menor daño. Así, por ejemplo, lubrica los pistones mientras se desplazan arriba y abajo en los cilindros. Sin aceite, la fricción metal sobre metal genera tanto calor que al final las superficies se sueldan entre sí y el motor se avería, lo cual es realmente desagradable si te ocurre en carretera. ¡Por otro lado, si quieres que alguien sufra las fatales consecuencias, lo único que tienes que hacer es drenar el aceite del motor de su coche!

Supongamos que tu motor tiene aceite en abundancia, pero que nunca lo cambias. En tal caso, pueden suceder dos cosas:

❞ La suciedad se acumulará en el aceite. El filtro la eliminará durante un determinado período de tiempo, pero al final se obturará y el aceite sucio evitará el filtro circulando a través de una válvula de reserva. El aceite sucio es espeso y abrasivo, produciendo un mayor desgaste de los componentes del motor.

❞ Los aditivos presentes en el aceite, tales como detergentes, dispersantes, anticorrosivos y reductores de la fricción, se gastarán, y el aceite no funcionará con la eficacia deseada.

Finalmente, a medida que se vaya ensuciando más y más, el aceite dejará de lubricar y el motor no tardará en desgastarse y averiarse. Pero no te preocupes, esto no va a suceder si olvidas cambiarlo en la fecha prevista, si transcurre un mes y sobrepasas el intervalo recomendado de 1.000 km. Tendrías que circular con el mismo aceite durante muchísimo tiempo —muchos miles de kilómetros— antes de que provocara una avería catastrófica.

Cambiar el aceite redunda en un filtro limpio, un aceite limpio y unos aditivos frescos. En suma, ¡una lubricación perfecta!

¿Qué pasaría si bombearas oxígeno puro en el motor del automóvil en lugar de utilizar el aire de la atmósfera?

En la mayoría de los automóviles, el motor de combustión interna quema gasolina. Para ello necesita oxígeno, y el oxígeno procede del aire que nos rodea. Pero ¿qué sucedería si los vehículos dispusieran de su propio oxígeno y bombearan oxígeno puro en el motor?

El aire contiene alrededor de un 21 % de oxígeno. Casi todo el resto es nitrógeno, un gas inerte cuando circula a través del motor. El oxígeno controla la cantidad de gasolina que un motor puede quemar. La proporción de gasolina y oxígeno es de 1:14, es decir, por cada gramo de gasolina que arde, el motor necesita catorce gramos de oxígeno. Los motores no pueden quemar más gasolina que la cantidad que les permite el oxígeno. Cualquier combustible adicional sería expulsado sin quemar por el tubo de escape.

En consecuencia, si el coche utilizara oxígeno puro, estaría inhalando un 100 % de oxígeno en lugar de un 21 %, o lo que es lo mismo, cinco veces más. Esto significaría que podría quemar cinco veces más gasolina, lo cual supondría cinco veces más caballos de potencia. ¡Así pues, un motor de cien caballos de potencia se convertiría en uno de quinientos!

Entonces, ¿por qué los automóviles no consumen oxígeno puro? El problema es que el oxígeno es bastante voluminoso, incluso cuando está comprimido, y los coches consumen muchísimo oxígeno. Cuatro litros y medio de gasolina pesan 2,79 kg, de manera que el motor necesita 39,06 kg de oxígeno ($2,79 \times 14$) por cada 4,5 litros de gasolina. El oxígeno es un gas y por lo tanto es extremadamente ligero. Cuatro litros y medio de oxígeno ocupan 8,51 m^3 de espacio, de manera que 4,5 litros de gasolina necesitarían 738,84 m^3 de oxígeno para funcionar, y si el depósito de tu coche tiene una capacidad para 90 litros de gasolina, ¡debería transportar casi 15.200 m^3 de oxígeno! Sin duda demasiado (llenaría una casa de 225 m^2).

Incluso comprimiendo el oxígeno hasta 211 kg/cm^2, aún se necesitarían 7,6 m para almacenarlo. Para verlo en perspectiva, un tanque estándar de submarinismo contiene alrededor de 0,30 m^3 de gas comprimido, es decir, aproximadamente 60,8 m^3 de gas no comprimido (se necesitarían 250 tanques para almacenar semejante cantidad de oxígeno).

Dado que el oxígeno es tan voluminoso, lo que se utiliza en su lugar es óxido nitroso. En el motor, el óxido nitroso se transforma en nitrógeno y oxígeno, y se licúa muy fácilmente bajo presión, lo cual permite almacenar una mayor cantidad en una botella que oxígeno gaseoso, que no se licúa. Aun así, un típico sistema sólo suministrará óxido nitroso al motor durante 1-3 minutos. Durante el proceso, añade alrededor de 100 caballos de potencia a un motor estándar. El principal problema estriba en que la gasolina extra que el óxido nitroso permite llegar hasta el cilindro incrementa tanto la presión en el motor que puede causarle graves daños a menos que el motor esté especialmente diseñado para funcionar con este gas. El mismo problema que se produciría con un motor que trabajara con oxígeno puro, que debería ser bastante robusto para soportar la carga.

¿Qué pasaría si tu coche pudiera funcionar con etanol? ¿Cuánto maíz necesitarías para viajar desde Los Ángeles hasta Nueva York?

El etanol, o alcohol etílico, se elabora fermentando y destilando los azúcares del maíz. En ocasiones, se mezcla con gasolina para obtener gasohol. Según la Renewable Fuels Association, los combustibles de etanol mezclado constituyen el 12 % de todos los carburantes para automóvil que se venden en Estados Unidos. En estado muy puro, el etanol se puede utilizar como alternativa de la gasolina en vehículos previamente modificados para su uso. Para calcular la cantidad de maíz que habría que cultivar para producir el suficiente etanol con el que realizar un viaje, existen algunos factores básicos que conviene considerar:

- 99 Supongamos que conduces un Toyota Camry, el coche más vendido en América el año 2000, y sabemos que con su transmisión automática consume 4,5 litros de gasolina cada 48 km en autopista.
- 99 El etanol es menos eficaz que la gasolina: 4,5 litros de gasolina equivalen a 6,75 litros de etanol. Esto significa que el mismo Camry sólo recorrería 32 km con 4,5 litros de etanol (8,5 km/litro).
- 99 Vamos a suponer que viajas desde Los Ángeles hasta Nueva York, que distan 4.464 km.

Con estas cifras puedes calcular perfectamente cuánto combustible vas a necesitar:

4.464 km : 8,5 km/litro = 525,2 litros

Según las investigaciones realizadas en la Universidad de Cornell, en 0,4 ha de terreno se pueden cosechar 3.225 kg de maíz, el cual se puede procesar para obtener 1.240 litros de etanol, lo que equivale a 11,84 kg de maíz por cada 4,5 litros.

Con esta información puedes calcular cuántos kilogramos de maíz necesitarías para abastecer de carburante a tu Camry para el viaje:

525,2 litros × 3,13 kg = 1.642 kg

En consecuencia, deberás cultivar algo más de 0,4 ha de maíz para poder cubrir la distancia que separa ambas ciudades.

¿Qué pasaría si instalaras un motor de un caballo de potencia en tu coche? ¿Ahorrarías mucho dinero en gasolina?

Por término medio, los coches modernos tienen un motor de alrededor de 120 caballos de potencia. Un gran SUV podría llevar uno de 200 caballos, mientras que los modelos más pequeños tienen sólo 70. Por su parte, el motor de los ciclomotores es de 1 o 2 caballos de potencia y su consumo es extremadamente bajo, del orden de 25 a 28 km por litro. Así pues, ¿por qué no instalar un pequeño motor en un automóvil para mejorar su coeficiente de kilómetros por litro?

Una de las razones es que un coche necesita disponer de una considerable cantidad de energía para desplazarse. A 96 km/h, un vehículo estándar requiere entre 10 y 20 caballos de potencia simplemente para mantener su velocidad. Este nivel de energía es necesario para contrarrestar la resistencia del viento y la derivada de la fricción de los neumáticos en la calzada. Si llevas los faros encendidos, el alternador está utilizando energía para generar electricidad, y si funciona el aire acondicionado, también consume energía. Un motor de 1 caballo de potencia apenas podría superar los 32-48 km/h en un coche normal, y eso sin poder encender los faros ni conectar el aire acondicionado.

El otro problema es la aceleración. Tu coche necesita un motor de 120 caballos de potencia —aunque en realidad, bastan 10 o 20 para circular— para esos momentos en los que tienes que acelerar rápidamente. Cuanto mayor es el motor, más deprisa puedes acelerar. Con un motor de 1 caballo de potencia necesitarías un par de minutos para acelerar hasta 96 km/h, aun suponiendo que la resistencia del viento fuese nula.

Si quisieras construir un vehículo que pudiera funcionar con un motor de 1 caballo, debería ser diminuto (un solo asiento), ligero y extremadamente aerodinámico. A decir verdad, parecería más una cápsula espacial que un coche. Al ser muy pequeño y ultraligero, podrías acelerar con rapidez aun disponiendo de escasa potencia, y al ser minúsculo y aerodinámico, reducirías la resistencia del viento hasta tal punto que su motor de 1 caballo sería capaz de desplazarlo a 96 o 110 km/h sin el menor problema. En este caso, su consumo por cada cien kilómetros sería reducidísimo.

4

Cuerpo y mente

✳   ¿Qué pasaría si el ser humano tuviera exoesqueleto? • ¿Qué pasaría si nunca te cortaras el pelo? ¿Te parecerías al Primo Ello de La familia Addams? • ¿Qué pasaría si nunca tomaras un baño? • ¿Qué pasaría si te alcanzara un rayo? • ¿Qué pasaría si no tuviéramos cejas? • ¿Qué pasaría si no pudieras eructar o eliminar los gases de ninguna otra forma? ¿Explotarías? • ¿Qué pasaría si dejaras de dormir, si no volvieras a dormir nunca más? • ¿Qué pasaría si sólo consumieras mantequilla de cacahuete durante el resto de tu vida? • ¿Qué pasaría si te dieras un golpe muy fuerte en la cabeza? ¿Perderías la memoria? ¿Podrías recuperarla con otro golpe? • ¿Qué pasaría si respiráramos oxígeno al 100 %?

¿Qué pasaría si el ser humano tuviera exoesqueleto?

Tanto los seres humanos como los reptiles, los anfibios, las aves y los peces tienen un esqueleto interno. Los músculos están unidos al esqueleto para propiciar el movimiento, y nuestro exterior está cubierto por una suave piel. Pero un elevado porcentaje de la vida en este planeta lo tiene todo al revés (¿o acaso somos nosotros quienes lo tenemos al revés?). En efecto, muchos animales tienen un esqueleto exterior en forma de exoesqueleto. Los insectos constituyen el ejemplo más evidente, así como los crustáceos (langostas, cangrejos, etc.).

¿Cuáles serían las ventajas para el ser humano si estuviera provisto de un exoesqueleto? Cualquiera que haya intentado abrir una pata de cangrejo sabe por experiencia que los exoesqueletos son muy duros. Así pues, un exoesqueleto reduciría considerablemente los cortes y heridas. ¡Por otro lado, los profesionales del fútbol americano no necesitarían llevar todas aquellas almohadillas acolchadas para evitar las consecuencias de los encontronazos!

Así pues, ¿por qué no tenemos exoesqueletos? La principal razón es que, fisiológicamente hablando, resultan muy poco prácticos y a decir verdad pueden ser bastante peligrosos. Muchas criaturas que disponen de un exoesqueleto experimentan un proceso conocido como *muda*, en el transcurso del cual pierden completamente su caparazón exterior y lo sustituyen por otro nuevo. Por desgracia, el nuevo exoesqueleto no está totalmente acabado cuando pierden el original. El tiempo que tarda en endurecerse la nueva protección depende directamente del tamaño del animal. Cuanto mayor es, más tarda, y durante este período es extremadamente vulnerable, quedando expuesto a los elementos, los depredadores e incluso a las enfermedades.

Aunque tener un exoesqueleto no sería prudente para los humanos, algunas personas creen que existen razones para confeccionar una versión portátil. El hombre no es ni mucho menos la criatura más veloz de la Tierra, y está limitado en la cantidad de peso que puede cargar y transportar. Estas debilidades pueden resultar fatales en el campo de batalla. De ahí que la Agencia de Proyectos de Investigación Avanzada de la Defensa de Estados Unidos (DARPA) haya decidido invertir 50 millones de dólares en el desarrollo de un traje-exoesqueleto para la infantería. Este sistema robótico podría conferir al soldado la capacidad de correr más deprisa, de llevar un armamento más pesado y de saltar grandes obstáculos. Asimismo, estas máquinas-exoesqueleto podrían estar equipadas de sensores y de un sistema de receptores de posicionamiento global (GPS). Los soldados podrían utilizar esta tecnología para obtener información acerca del terreno por el que están avanzando y como sistema de navegación para dirigirse a emplazamientos específicos. La DARPA también está desarrollando telas computerizadas que se podrían usar conjuntamente con los exoesqueletos para controlar el ritmo cardíaco y respiratorio.

Básicamente, estos artefactos portátiles proporcionarían habilidades muy avanzadas a los seres humanos. Imagina un batallón de súper soldados capaces de transportar centenares de kilogramos de peso con la misma facilidad con la que se desplazan 5 kg y que asimismo pudieran correr a una velocidad doble de la normal. El potencial para las aplicaciones no militares también sería fenomenal.

Si el ejército norteamericano consigue hacer realidad sus propósitos, dispondrá de compañías de súper soldados capaces de saltar más alto, correr más rápido y levantar un peso enorme simplemente enfundándose estos exoesqueletos. No obstante, está previsto que el desarrollo de estos dispositivos se prolongue durante varios años, si no décadas.

¿Qué pasaría si nunca te cortaras el pelo? ¿Te parecerías al Primo Ello de *La familia Addams*?

El pelo humano consta de un vástago, que va sujeto al cuero cabelludo a través de la piel, y de la raíz, que se aloja en un folículo, debajo de la epidermis. Exceptuando algunas células situadas en la base de la raíz, el pelo es tejido muerto formado por queratina y otras proteínas afines. El folículo piloso es un minúsculo bolsillo en forma de tubo que se forma en la epidermis y que encierra una pequeña sección de la dermis en su base. Las células se dividen rápidamente en la base del folículo para formar el pelo humano, y a medida que empujan hacia arriba, se endurecen y pigmentan. ¡*Et voilà*! ¡Ya tienes pelo!

Este proceso se repite constantemente. Quizá estés pensando que si nunca te cortaras el pelo, crecería y crecería sin parar, y quién sabe qué longitud podría alcanzar. Pero la cuestión no es tan simple como parece. En realidad, el pelo no crece continuamente. En cualquier instante de tu vida, algunas raíces (alrededor del 15 %) se hallan en un período de paréntesis de crecimiento. Durante tres meses no existe la menor actividad en tales folículos, lo que significa que no crece ningún pelo en esa zona específica del cuero cabelludo. Por otro lado, cada día se pierde pelo, ya sea a causa de un proceso de muda normal o de algún daño externo. Por término medio pierdes a diario entre 50 y 100 pelos.

Los pelos de la cabeza crecen aproximadamente 1,25 cm cada mes y tienen una vida media de 2 a 6 años. Partiendo de esta base, se puede calcular que el pelo de una persona normal y corriente no debería crecer más de 90 cm.

1,25 cm × 12 meses × 6 años = 90 cm

Teniendo en cuenta que el pelo humano podría crecer a un ritmo más rápido y permanecer más tiempo sujeto al cuero cabelludo, es posible que pudiera alcanzar alrededor de 1,5 m, aunque realmente sería poco habitual. Así pues, es muy improbable que te parecieras al Primo Ello de *La familia Addams*.

No obstante, es interesante destacar que en el *Libro Guinness de los Récords Mundiales* se han documentado casos de melenas considerablemente más largas. En 1993, los mechones de Dian Witt, de Massachusetts, medían 3,26 m, y en 1994, las trenzas de Mata Jagdamba, de India, tenían una longitud de 4,16 m.

¿Qué pasaría si nunca tomaras un baño?

La idea inmediata que asalta tu mente al plantearte esta cuestión podría estar relacionada con el término «guarro». Pero más allá de las consecuencias derivadas de los malos olores y de un acentuado declive en las invitaciones sociales de los amigos y familiares existen otras preocupaciones más serias que conviene considerar: las relacionadas con la salud.

Piensa en lo que ocurrirá si un buen día decides dejar de bañarte:

- Olerás mal.
- Se acumulará la suciedad en la piel y el pelo.
- Las probabilidades de infección aumentarán.
- Es probable que te rasques más, lo cual podría incrementar aún más si cabe el riesgo de infección.

Analicemos brevemente cómo se produciría todo el proceso. El cuerpo humano está cubierto por alrededor de 2 m² de piel, la cual contiene 2,6 millones de glándulas sudoríparas. Además de estas glándulas, en la piel existen miles de diminutos pelos.

Estás sudando constantemente, aunque no te des cuenta de ello. Hay dos tipos de glándulas sudoríparas distribuidas por todo el cuerpo: las ecrinas y las apocrinas. El sudor de las glándulas apocrinas contiene proteínas y ácidos grasos que le confieren una consistencia espesa y le dan un color lechoso o amarillento. Ésta es la razón por la que las manchas de sudor de las axilas en la ropa presenten esta tonalidad. En realidad, el sudor propiamente dicho es inodoro. Entonces, te preguntarás, ¿por qué huele tan mal una persona cuando suda? Ese olor tan desagradable se produce cuando las bacterias metabolizan las proteínas y de los ácidos grasos en la piel y el pelo.

Por termino medio, el ser humano suda entre 1 y 3 litros por hora, dependiendo del clima reinante en el entorno. Supongamos que sudas 3 litros. Dado que tu piel, además del pelo que cubre tu cuerpo, está pegajosa a causa del sudor, es probable que acumule más suciedad de lo normal. Estamos hablando simplemente de suciedad superficial. Pero ¿qué ocurre con los demás gérmenes y microorganismos que se hospedan en la piel? En su mayor parte, estas bacterias, hongos, etc. no suponen ninguna amenaza importante siempre que permanezcan en la superficie de la piel. Sin embargo, si acceden al torrente sanguíneo, la historia puede ser muy diferente.

Nos rascamos a causa de muy diversas razones. Cualquiera puede contraer la tiña, por ejemplo, lo cual, habitualmente, no suele plantear un problema excesivamente grave. Basta algún tipo de ungüento farmacéutico para superar la afección. Pero si estás en pleno paréntesis de baño y ya de por sí te rascas, el frenesí de picor podría llegar a ser excepcional, hasta el punto de rascarte tanto que agrietaras la superficie de la piel. Imaginemos ahora que hay alguna bacteria peligrosa en las inmediaciones: un estafilococo, por ejemplo. Si penetrara en tu torrente sanguíneo a través de un arañazo abierto, la situación podría ser incluso fatal. Lo cierto es que las probabilidades de que esto suceda son bastante escasas.

En cualquier caso, y prescindiendo de todo lo que hemos dicho anteriormente, es muy probable que el factor odorífero sea más que suficiente para convencerte de la necesidad de someterte a un tratamiento de agua y jabón con la máxima regularidad.

¿Qué pasaría si te alcanzara un rayo?

A simple vista, parece una pregunta bastante fácil de responder. A decir verdad, un rayo te puede alcanzar de diferentes formas, y el tipo de impacto es el que dicta las consecuencias para el cuerpo:

> **Impacto directo:** Un rayo nube-tierra incide directamente en ti o en algo que estás sujetando, como por ejemplo, un palo de golf, en lugar de precipitarse primero en el suelo.

❞ Flash lateral: El rayo incide en algo próximo al lugar en el que te hallas y luego salta hasta tu posición.

❞ Potencial de contacto: Mientras estás tocando algo, como por ejemplo una valla o un árbol, el rayo impacta en ese objeto y el fluido eléctrico se desplaza desde el objeto hasta tu cuerpo a través del punto de contacto.

❞ Tensión en escalón: Estás sentado en el suelo con los pies juntos y las rodillas flexionadas cerca de un lugar en el que impacta un rayo nube-tierra. Al dispersarse la corriente eléctrica, circula a través de tu cuerpo, entrando por un punto, como por ejemplo los pies juntos, y saliendo por otro, las nalgas.

❞ Voltaje de choque: Mientras estás usando un electrodoméstico o un teléfono, el rayo incide en la fuente de energía eléctrica o en la red conectada al dispositivo y recibes un shock.

La peor experiencia con un rayo la constituye el impacto directo, que estadísticamente es la más letal. A continuación, y por lo que al nivel de severidad se refiere, le sigue el flash lateral o el potencial de contacto, y por último, la tensión en escalón y el voltaje de choque. Básicamente, la cantidad de electricidad y de voltaje que circula por el cuerpo disminuye con cada uno de estos tipos de impacto. Si eres víctima de un impacto directo, el rayo incide de lleno en tu cuerpo, mientras que en los demás casos, la intensidad se reduce como consecuencia de una mayor o menor dispersión de la energía.

El sistema circulatorio, el respiratorio y el nervioso son los más afectados cuando una persona es alcanzada por un rayo:

❞ **Circulatorio:** La mayoría de las fatalidades resultantes de impactos directos se deben a paros cardíacos. Aunque parezca una ironía, con la administración de otro shock eléctrico en el corazón con un desfibrilador automático externo, la víctima podría sobrevivir.

❯❯ **Respiratorio:** La principal amenaza para el sistema respiratorio es la parálisis. Para que la víctima no muera por falta de oxígeno, se requiere respiración artificial.

❯❯ **Nervioso:** Cuando el sistema nervioso central resulta afectado, se pueden producir distintos efectos secundarios, tales como demencia, amnesia, parálisis transitoria, trastornos en los reflejos, vacíos de memoria y ansiedad o depresión.

Cada año, más de mil personas reciben el impacto de un rayo en Estados Unidos, de las cuales, más de cien fallecen a causa del mismo. No hay que jugar con los rayos. Se deben tomar ciertas precauciones para garantizar la seguridad personal en una tormenta.

Si estás al aire libre:

❯❯ Busca un refugio apropiado en un edificio o en un coche. La mayoría de la gente cree que son los neumáticos de caucho los que les mantienen seguros en un automóvil, porque el caucho no es un conductor de la electricidad, pero en realidad, cuando los campos eléctricos son muy potentes, los neumáticos resultan más conductores que aislantes. El motivo por el cual estás seguro en un coche es que el rayo viaja por la superficie del vehículo y luego continúa hasta el suelo. El coche actúa como si se tratara de una jaula de Faraday. Michael Faraday, físico británico, descubrió que una jaula metálica podía proteger objetos en su interior cuando una gran descarga eléctrica incidía en ella. El metal, siendo un buen conductor, dirigía la corriente alrededor de los objetos y se precipitaba en tierra. Este proceso se utiliza muchísimo hoy en día en el ámbito de la electrónica para proteger circuitos integrados electrostáticamente sensibles.

❯❯ Evita guarecerte debajo de los árboles, pues atraen los rayos. Dirígete a un espacio abierto, junta los pies al máximo y agáchate, colocando la cabeza lo más baja posible, aunque sin tocar el suelo —acuérdate de la tensión en escalón—. Sólo debes estar en contacto con el suelo por un punto. Por esta misma razón, no te eches nunca en el suelo; el fluido eléctrico pasaría a través de todo tu cuerpo.

Si estás dentro de casa:

99 Aléjate del teléfono. Si tienes que llamar a alguien, utiliza un teléfono inalámbrico o un móvil. Si un rayo impacta en la línea telefónica, la corriente viajará a través de todos los teléfonos de la línea, y si tienes el tuyo entre las manos, a través de tu cuerpo.

99 Manténte alejado de las tuberías (bañera, ducha, etc.). El rayo puede caer en la casa o cerca de ella y descargar su energía a través de la red de tuberías metálicas. Actualmente, en muchos edificios se utiliza PVC (cloruro de polivinilo) en las conducciones de fontanería de interior, con lo cual la amenaza es mínima. Sea como fuere, si no estás seguro de qué material son tus tuberías, no te arriesgues.

¿Qué pasaría si no tuviéramos cejas?

Para responder a esta pregunta, hay que saber para qué sirven las cejas y por qué las tenemos.

Las cejas constituyen un rasgo muy significativo del aspecto de una persona. En realidad, son una de las características más distintivas del rostro humano, y mucha gente les presta una gran atención. Hay quien piensa que algunos tipos de cejas son atractivos y otros no, y son innumerables las personas que dedican mucho tiempo a arreglárselas, al igual que hacen con el maquillaje en las pestañas y los labios. Asimismo, las cejas constituyen uno de los rasgos faciales más expresivos. Una de las formas más evidentes de dar a entender a alguien que estás pensando consiste simplemente en moverlas arriba y abajo. A decir verdad, casi todo el mundo sabe lo que significa cada posición de las cejas.

Las cejas desempeñan un sinfín de funciones en nuestra cultura actual (belleza, comunicación no verbal, etc.), pero ¿por qué están ahí? A medida que el ser humano fue evolucionando y perdiendo la mayor parte del tupido pelo que cubría su cuerpo, ¿por qué conservó esa pequeña cantidad sobre los ojos?

Los científicos no coinciden a la hora de determinar cuál fue la razón, pero han ofrecido una buena hipótesis. Las cejas evitan que la humedad penetre en los ojos cuando sudamos o caminamos bajo la lluvia. Su forma arqueada desvía las gotas de lluvia o de sudor hacia los lados de la cara, manteniendo los ojos relativamente secos. De ahí que su principal ventaja sea la de poder ver con claridad cuando se suda o se está bajo un aguacero. Sin cejas sería mucho más difícil. Por otro lado, al desviar la humedad procedente del sudor, también evitan que la sal irrite y escueza en los ojos.

La presencia de las cejas podría haber contribuido a la supervivencia de los hombres primitivos. Al ser capaces de ver más claramente en la lluvia, les ayudaría a encontrar un refugio. De igual modo, existen diversas circunstancias en las que evitar que el sudor penetre en los ojos te podría salvar la vida. Si estuvieras tratando de huir de un depredador, por ejemplo, sería lógico pensar que tuvieras el rostro bañado en sudor, y si dicho sudor fluyera directamente hasta los ojos, serías incapaz de ver bien, se te irritarían los ojos y ello te impediría correr con seguridad y no tropezar.

La mayoría de los científicos tienden a creer que si no tuviéramos cejas, la naturaleza nos hubiera provisto de otro rasgo evolutivo para solucionar la situación. Así, por ejemplo, podríamos haber desarrollado unas pestañas increíblemente tupidas para proteger los ojos de un exceso de sudor o de lluvia, o el cráneo podría haber continuado desarrollándose hasta formar una especie de alero sobre los ojos, en cuyo caso la lluvia o el sudor habría caído directamente al suelo sin interferir en la visión.

¿Qué pasaría si no pudieras eructar o eliminar los gases de ninguna otra forma? ¿Explotarías?

FV

Ésta es una pregunta que en más de una ocasión se han formulado todos los niños, además de los adultos, y para responder a ella, primero hay que analizar cómo y por qué expulsamos gases. El ser humano elimina el exceso de gases de dos formas: los eructos y la flatulencia.

Básicamente, lo que sucede cuando eructas es que el aire se ve obligado a salir del estómago a través de la garganta y la boca. A veces, esto ocurre tan rápidamente que apenas tenemos tiempo de taparnos la boca educadamente, en cuyo caso, siempre sigue el «perdón» de costumbre. Comer o beber demasiado deprisa suele provocar este tipo de eructos no deseados, ya que, además de la comida o la bebida, ingieres una cantidad extra e innecesaria de aire en cada bocado o trago. Entre otros desencadenantes del eructo se incluyen las bebidas carbónicas y beber con una pajita de refresco.

La flatulencia es un poco diferente. En este caso, el gas se expulsa desde el estómago o los intestinos por el extremo opuesto del tracto digestivo. La mayoría de la gente cree que el *flatus* (gas) está causado por alimentos específicos, pero esto sólo constituye una parte de la historia. Es cierto que algunos alimentos tales como las judías o los productos lácteos pueden hacer que el cuerpo produzca más gases. Sin embargo, tu cuerpo, por sí mismo, produce una cierta cantidad de gas a diario, independientemente de que hayas comido judías en el almuerzo o que te hayas olvidado de tomar una píldora de lactosa antes de tomar un batido de leche. En general, las paredes de los intestinos absorben este gas, pero cuando se ha acumulado demasiado y es imposible absorberlo, el organismo busca otra forma de aliviar la presión.

¿Qué ocurre cuando hay una cantidad excesiva de gas en los intestinos como para ser absorbido y eres incapaz de expulsarlo? No es un panorama demasiado aleccionador. En realidad, resulta bastante doloroso. Inicialmente, te sentirías abotargado. Piensa en cómo te sientes después de una comida muy copiosa o de haber bebido mucha agua. Habitualmente, se expulsan los gases y las cosas vuelven a la normalidad en cuestión de un par de horas. Pero si no pudieras expulsarlos, los intestinos estarían repletos de gas, como un globo hinchado, y si bien es cierto que no explotarías, una buena parte de tu interior sí lo haría. En efecto, las paredes de los intestinos se dilatarían hasta el límite de su capacidad, y al final acabarían perforándose o agrietándose.

¿Qué pasaría si dejaras de dormir, si no volvieras a dormir nunca más?

Para responder a esta pregunta debemos examinar algunos fundamentos acerca del sueño. La cantidad de sueño necesario para el ser humano disminuye con la edad. Un bebé recién nacido podría dormir veinte horas al día. A los cuatro años, la media es de doce horas diarias. A los diez, se reduce a diez horas. La mayoría de los adultos parecen tener suficiente con siete a nueve horas de sueño nocturno, y a menudo, a los ancianos les bastan seis o siete horas. Pero se trata sólo de medias, y las cifras varían de una persona a otra. En tu caso, por ejemplo, es probable que sepas perfectamente cuántas horas necesitas dormir cada noche por término medio para sentirte bien.

Después de un sueño reparador, te sientes de maravilla. Pero ¿por qué? ¿Ocurre algo especial durante el sueño? Pues sí, suceden dos cosas realmente significativas: en los niños, la hormona del crecimiento se segrega durante el sueño, y en general se segrega una serie de sustancias químicas importantes para el sistema inmunológico. Si no duermes lo suficiente, puedes ser más propenso a contraer enfermedades, y en el caso de los niños, el crecimiento puede sufrir serios trastornos a causa de una privación de sueño.

Nadie sabe a ciencia cierta por qué dormimos, aunque existen toda clase de teorías, incluyendo las siguientes:

> El sueño permite al organismo reparar los músculos y otros tejidos, sustituir las células viejas o muertas por otras nuevas, etc.
> El sueño da la oportunidad al cerebro de organizar y archivar los recuerdos. Algunos creen que los sueños forman parte de este proceso.
> El sueño reduce el consumo de energía; de ahí que sólo necesitemos tres comidas al día en lugar de cuatro o cinco.
> El sueño puede ser un modo de recargar el cerebro.

Una buena forma de comprender por qué duermes consiste en analizar lo que sucede cuando no duermes lo suficiente:

> Como bien sabes, pasar una noche sin dormir no tiene consecuencias fatales, aunque al día siguiente la persona estará irritable y o bien se fatigará rápidamente o se sentirá totalmente excitado a causa de la adrenalina.
> Si una persona pasa dos noches sin dormir, empeora. Le cuesta concentrarse y sufre trastornos de déficit de atención, aumentando los errores en las actividades que realiza.
> A los tres días, empieza a alucinar y le resulta imposible pensar con claridad. La debilidad continuada puede hacer que el individuo pierda el sentido de la realidad.

Con el tiempo, una persona que duerma muy pocas horas cada noche puede acabar experimentando muchos de estos problemas.

Bastan tres días de privación de sueño para que una persona alucine. Como es natural, si prolongaras la vigilia durante un período más largo, los síntomas no harían sino empeorar, y con el tiempo, la mayoría de ellos serían fatales. En algunos experimentos de laboratorio, las ratas obligadas a permanecer despiertas continuamente acaban muriendo, lo cual demuestra que el sueño es esencial.

Pero lo lógico es que concilies el sueño antes de que se produzca algo tan drástico como la muerte, a menos, claro está, que alguien o algo te mantenga permanentemente despierto.

Es interesante destacar que algunas personas son capaces de funcionar perfectamente con muy pocas horas de sueño si es necesario. Una buena parte del riguroso programa de entrenamiento de la Navy SEAL, del ejército de Estados Unidos, constituye un claro ejemplo de este fenómeno. Durante lo que se suele llamar «Semana Infernal», los soldados deben realizar actividades extremadamente físicas durante seis días, ¡y sólo duermen cuatro horas durante toda la semana!

¿Qué pasaría si sólo consumieras mantequilla de cacahuete durante el resto de tu vida?

Aunque la mantequilla de cacahuete es bastante nutritiva, comer una sola cosa no resulta una buena idea. En primer lugar, debes comprender cómo funciona la alimentación en general para descubrir por qué el hombre sería incapaz de sobrevivir única y exclusivamente comiendo pan..., o en este caso, mantequilla de cacahuete.

El organismo utiliza los alimentos para mantenerse vivo. Piensa en lo que has comido hoy: una rosquilla, leche, zumo, jamón, queso, una manzana, patatas fritas, etc. Todos estos alimentos contienen siete componentes básicos, cada uno de los cuales actúa de una forma especial para mantener en funcionamiento el organismo:

99 **Hidratos de carbono (simples y complejos).** Los hidratos de carbono simples y complejos proporcionan al cuerpo su combustible esencial. En efecto, el organismo utiliza los alimentos al igual que un automóvil utiliza la gasolina. La glucosa, el hidrato de carbono más

simple, fluye en el torrente sanguíneo y está a disposición de todas las células, que lo absorben y transforman en energía.

99 **Proteínas.** Una proteína es una cadena de aminoácidos. Un aminoácido es una pequeña molécula que actúa a modo de bloque de construcción de una célula. Los hidratos de carbono suministran energía a las células, mientras que los aminoácidos les facilitan el material de construcción necesario para crecer y conservar su estructura.

99 **Vitaminas.** Las proteínas son moléculas que necesita el cuerpo para permanecer activo. El organismo produce su propia vitamina D, aunque en general, las vitaminas proceden de los alimentos. El cuerpo humano necesita trece vitaminas diferentes. Una dieta a base de alimentos frescos y naturales proporciona todas las vitaminas necesarias. El procesamiento de los alimentos suele destruir las vitaminas; de ahí que muchos productos procesados estén «fortificados» con vitaminas sintéticas.

99 **Minerales.** Los minerales son elementos que necesita el organismo para crear moléculas específicas. La alimentación también suministra estos minerales. Una dieta baja en minerales puede provocar diversos problemas y enfermedades. El calcio es un mineral fundamental; sin él, los huesos no podrían desarrollarse.

99 **Grasas.** Aunque a menudo habrás oído que no debes ingerir grasas, lo cierto es que son necesarias para el organismo. Algunas vitaminas son solubles en las grasas, tales como la vitamina A, D, E y K, y la única forma de obtenerlas es consumiendo grasas. Por otro lado, al igual que existen aminoácidos esenciales, también hay ácidos grasos esenciales, como por ejemplo el ácido linoleico, que utiliza el organismo para construir las membranas celulares. Los ácidos grasos proceden exclusivamente de la alimentación; no existe otra forma de obtenerlos.

Asimismo, las grasas constituyen una excelente fuente de energía. Contienen el doble de calorías por gramo que los hidratos de carbono o las proteínas, y cuando lo necesita, el organismo puede quemarlas como si de combustible se tratara.

❦ **Fibra.** Al ingerir fibra, ésta llega intacta a los intestinos sin haber sido procesada por el sistema digestivo. Aun así, es una parte importante de una buena nutrición. La ingesta de fibra se ha relacionado muy positivamente con la reducción de colesterol, el mejor funcionamiento de la función digestiva e incluso con la reducción del riesgo de contraer determinados tipos de cáncer.

❦ **Agua.** El cuerpo humano es agua en un 70 %. En estado de reposo, perdemos alrededor de 1.120 g de agua diarios a través de la orina, el aire que exhalamos, la evaporación a través de la piel, etc. Y al perder agua constantemente, es preciso sustituirla. Evidentemente, hay que tomar un mínimo de 1.120 g de agua al día en forma de alimentos suculentos y líquidos. Cuando hace calor y cuando hacemos ejercicio físico, el organismo puede necesitar el doble de esta cantidad.

Bien, ahora ya sabes cuáles son los componentes esenciales de una buena nutrición. Veamos a continuación qué cantidad de cada uno de ellos necesitas para que tu organismo funcione correctamente.

El VDR (Valor Diario de Referencia) recomendado para las proteínas es de 50 g. Así pues, deberías ingerir entre 12 y 14 cucharadas diarias de mantequilla de cacahuete. Sin embargo, si sólo comieras mantequilla de cacahuete, estarían ingiriendo mucho más que esto. Tendrías que comer 21 cucharadas para alcanzar las 2.000 calorías al día, es decir, la cantidad mínima que se aconseja ingerir a diario, a menos que estés a régimen. Por lo tanto, si sólo te alimentaras a base de este producto, estarías consumiendo casi el doble del VDR de proteínas. Sí, desde luego, obtendrías un nivel más que suficiente de proteínas, pero ¿y qué hay de los demás elementos que necesita el organismo?

Como bien sabes, la mantequilla de cacahuete da sed. Supongamos pues que complementas tu singular dieta con 8 o 10 vasos de agua al día para no deshidratarte. Proteínas, ¡sí!, agua, ¡sí! Pero ¿obtienes algo más de la mantequilla de cacahuete? ¿Fibra, vitaminas, hidratos de carbono, minerales y grasas?

A decir verdad, tu dieta de mantequilla de cacahuete te aportaría 21 g de fibra —muy próximos al VDR de 25 g—. También te aportaría la suficiente vitamina E y más del doble de IDR (Ingesta Diaria de Referencia) de vitamina B_3 (niacina), aunque obtendrías menos de un tercio del IDR de las vitaminas B_1 y B_2 (tiamina y riboflavina). Asimismo, sería necesario complementar la dieta con el IDR adecuado de vitaminas A, C, D y K, cuya deficiencia se ha asociado respectivamente a la ceguera nocturna, escorbuto, raquitismo y deficiente coagulación de la sangre o hemorragia interna. Tampoco dispondrías de los suficientes hidratos de carbono. El VDR de hidratos de carbono para una dieta de 2.000 calorías es de 300 g. La mantequilla de cacahuete sólo te suministraría 88 g, o lo que es lo mismo, menos de un tercio de la cantidad recomendada.

En relación con los minerales, mientras tu ingesta de cobre y magnesio estaría en línea con el VDR, no obtendrías el suficiente calcio, hierro o potasio. De acuerdo, podrías complementar la dieta con un complejo multivitamínico y problema resuelto. Pues no, no es tan simple como parece. Echa un vistazo a las grasas.

El VDR de grasas para una dieta de 2.000 calorías diarias es de 65 g. En 21 cucharadas de mantequilla de cacahuete hay 168 g, es decir, más de dos veces y media el VDR. ¡Cuidado! Si bien es cierto que una dieta bien equilibrada requiere una determinada cantidad de grasas, existen numerosas patologías, tales como las enfermedades cardíacas y algunos cánceres, que se han asociado a un consumo excesivo de grasas. Como habrás comprobado, una dieta exclusiva de mantequilla de cacahuete no sería ni mucho menos ideal.

¿Qué pasaría si te dieras un golpe muy fuerte en la cabeza? ¿Perderías la memoria? ¿Podrías recuperarla con otro golpe?

Este tipo de pérdida de memoria, que aparece representado en innumerables películas cinematográficas, se denomina «amnesia». En ocasiones, la amnesia borra por completo todos los recuerdos del pasado de una persona, mientras que en otras, sólo elimina fragmentos de los mismos.

Existen diversos tipos de amnesia, que pueden estar causados por enfermedades, traumas psicológicos, y sí, incluso un trauma físico, como en el caso de un golpe muy fuerte en la cabeza. En la mayoría de los casos, la amnesia es una condición transitoria y muy breve. Puede durar desde unos escasos segundos hasta unas pocas horas, aunque también puede ser más prolongada —semanas o incluso meses— dependiendo de la severidad de la enfermedad o del trauma. Los dos tipos de amnesia de los que habrás oído hablar más a menudo son los siguientes:

- 🙶 Amnesia retrógrada
- 🙶 Amnesia anterógrada

Básicamente, la amnesia retrógrada es una condición en la que el individuo es incapaz de evocar los recuerdos almacenados, tales como su apellido materno o lo que aconteció en las Navidades pasadas. Sin embargo, recuerda perfectamente el chiste que alguien le ha contado hace escasos segundos. Éste es el tipo de amnesia típico de los culebrones. Una pareja de recién casados celebran su luna de miel en un crucero. De pronto, la joven esposa se cae por la borda. Tras el rescate, no recuerda nada antes del accidente, ni siquiera a su marido o que está casada, pero en cambio, sí recuerda al atractivo miembro de la tripulación que le ha salvado la vida. Aunque suele ser muy habitual en las series televisivas, lo cierto es que no sucede demasiado a menudo en la vida real.

Cuando una persona sufre amnesia anterógrada, puede recordar los incidentes ocurridos con posterioridad a la aparición de la fase amnésica. Esta forma de amnesia, menos común en los guiones televisivos y cinematográficos, constituye el eje central de la trama de la película *Memento*, donde el protagonista recibe un fortísimo golpe en la cabeza que le ocasiona daños cerebrales. Al igual que otras víctimas de amnesia anterógrada, es incapaz de generar nuevos recuerdos.

Cuando un amnésico se restablece, suele empezar evocando los recuerdos más antiguos, y luego los más recientes, hasta recuperar la memoria casi por completo, aunque en ocasiones, no consigue recordar los acontecimientos inmediatamente anteriores y posteriores del trauma en la cabeza o del inicio de la amnesia.

Cuando se habla de la memoria, se suele pensar en lo que se conoce como memoria a largo plazo, pero en realidad, el ser humano tiene diferentes formas de memoria. Veamos cuáles son los tres tipos más importantes de memoria que conviene considerar a la hora de analizar la amnesia:

- **Memoria a corto plazo.** Se refiere a los recuerdos que duran desde unos pocos segundos a un par de minutos.
- **Memoria intermedia a largo plazo.** Se refiere a los recuerdos que pueden durar días o incluso semanas, pero que al final se pierden para siempre a menos que se trasladen a la memoria a largo plazo.
- **Memoria a largo plazo.** Se refiere a los recuerdos que se pueden evocar durante muchos años o tal vez durante toda la vida.

Para comprender cómo se produce la pérdida de la memoria, primero conviene saber cómo se almacenan los recuerdos. El cerebro humano es un órgano asombroso. Nos proporciona la capacidad de pensar, planificar, hablar e imaginar, así como también de generar y almacenar recuerdos. Fisiológicamente hablando, un recuerdo es el resultado de cambios químicos o estructurales en las transmisiones sinápticas entre neuronas. Al producirse estos cambios, se crea un pasillo llamado «rastro memorístico». Las señales se desplazan por el cerebro a través de los rastros memorísticos.

Generar y almacenar recuerdos es un proceso complejo que implica a múltiples regiones cerebrales, incluyendo el lóbulo frontal, temporal y parietal. Un daño o enfermedad en estas áreas puede ocasionar diversos grados de pérdida de memoria.

He aquí un buen ejemplo de cómo se puede producir una pérdida de la memoria. Para que la memoria a corto plazo se convierta en memoria a largo plazo debe pasar por un proceso que se conoce como «consolidación», durante el cual aquélla se activa repetidamente, hasta el punto de producirse determinados cambios químicos y físicos en el cerebro, preparando la memoria para un acceso a largo plazo. Si durante esta activación repetida algo interrumpe el proceso (una contusión o cualquier otro trauma), entonces la memoria a corto plazo no se puede consolidar y los recuerdos no se pueden almacenar para su acceso a largo plazo. Esto es precisamente lo que ocurre en la amnesia anterógrada.

Se cree que la consolidación tiene lugar en los hipocampos, es decir, unas zonas del cerebro situadas en la región del lóbulo temporal. Investigaciones médicas indican que son los lóbulos frontal y parietal los que suelen resultar dañados con mayor frecuencia durante un golpe en la cabeza. De ahí que muchas personas que sufren un trauma de este tipo o una lesión cerebral experimenten amnesia anterógrada. Si los hipocampos se dañan, el amnésico será capaz de evocar los recuerdos más antiguos, pero no podrá generar otros nuevos.

Así pues, respondiendo a la pregunta, sí es posible sufrir una pérdida de la memoria —amnesia— como resultado de un golpe en la cabeza, aunque tiene que ser realmente fuerte, tanto como para provocar una grave hinchazón en la región del lóbulo temporal y/o una lesión en esta región del cerebro. ¡Evidentemente, otro golpe en la cabeza complicaría aún más si cabe el trauma anterior, lo cual no haría sino empeorar el problema!

¿Qué pasaría si respiráramos oxígeno al 100 %?

El aire que respiramos contiene un 21 % de oxígeno y el oxígeno es indispensable para la vida. En consecuencia, podrías pensar que respirar 100 % de oxígeno sería beneficioso para nosotros, cuando en realidad, resultaría perjudicial. La respuesta a esta pregunta es pues muy breve: en general, el oxígeno puro es pernicioso, y en ocasiones, tóxico. Pero para comprender por qué, debemos profundizar un poco en esta cuestión.

Los pulmones consisten básicamente en una larga serie de conductos que se ramifican a partir de la nariz y la boca (desde la tráquea hasta los bronquios y los bronquiolos) y terminan en unas pequeñas bolsas de aire, de finas paredes, llamadas alvéolos. Piensa en las burbujas de jabón en el extremo de una pajita de refresco y te harás una idea muy aproximada de cómo son los alvéolos. Alrededor de cada alvéolo hay pequeños vasos sanguíneos de paredes igualmente finas llamados capilares pulmonares. Entre los capitales y el alvéolo existe un finísimo tabique (alrededor de 0,5 micrones de grosor) por el que circulan varios gases (oxígeno, dióxido de carbono, nitrógeno).

Al inhalar, los alvéolos se llenan de aire. Dado que la concentración de oxígeno es elevada en los alvéolos y baja en la sangre que entra en los capilares pulmonares, el oxígeno penetra en el torrente sanguíneo. Asimismo, dado que la concentración de dióxido de carbono es más elevada en la sangre que entra en los capilares que en el aire alveolar, pasa desde la sangre a los alvéolos. La concentración de nitrógeno en la sangre y el aire alveolar es prácticamente la misma. Se produce un intercambio de gases a través del tabique alveolar; el aire de los alvéolos se empobrece en oxígeno y se enriquece en dióxido de carbono. Al exhalar, expulsas ese aire rico en dióxido de carbono y pobre en oxígeno.

¿Qué sucedería si respiraras oxígeno al 100 %? En experimentos de laboratorio realizados con conejillos de Indias expuestos durante 48 horas a oxígeno puro, a una presión del aire normal, se acumula fluido en los pulmones y las células epiteliales que revisten los alvéolos. Es muy probable que este daño esté producido por una forma altamente reactiva de molécula de oxígeno, llamada «radical libre de oxígeno», que destruye las proteínas y las membranas de las células epiteliales. En el ser humano, la respiración de oxígeno al 100 % a una presión normal provoca los efectos siguientes:

- Acumulación de fluido en los pulmones.
- El flujo de gas a través de los alvéolos disminuye, con lo cual, la persona tiene que respirar más para obtener el suficiente oxígeno.
- Dolor pectoral al respirar profundamente.
- El volumen total de aire intercambiable en el pulmón se reduce en un 17 %.
- Las mucosidades taponan áreas locales de alvéolos colapsados; una condición llamada «atelactasis». El oxígeno atrapado en los alvéolos obturados se absorbe en el torrente sanguíneo, no queda gas alguno para mantener hinchados los alvéolos y se colapsan. Los taponamientos mucosos son normales, pero suelen aclararse tosiendo. Si los alvéolos se taponan durante la respiración del aire, el nitrógeno atrapado en ellos los mantiene hinchados.

Los astronautas de los programas Géminis y Apollo respiraban 100 % oxígeno a una presión reducida durante un máximo de dos semanas y sin el menor problema. Por el contrario, cuando se respira oxígeno puro a una presión elevada (más de cuatro veces la presión atmosférica), el envenenamiento agudo por oxígeno puede producir los siguientes síntomas:

- Náuseas
- Mareo
- Temblores musculares

❞   Visión borrosa
❞   Ataques / convulsiones

Este tipo de elevadas presiones de oxígeno las pueden experimentar los submarinistas militares que utilizan dispositivos de re-respiración, hombres-rana aquejados de la enfermedad del buzo y tratados en cámaras hiperbáricas o pacientes sometidos a tratamiento por envenenamiento agudo de monóxido de carbono. Este tipo de pacientes deben estar cuidadosamente controlados durante el tratamiento.

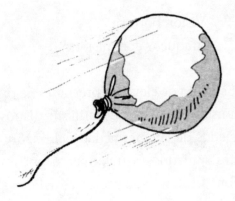

5

Rarezas

✳ ¿Qué pasaría si arrojaras una moneda desde el Empire State Building? • ¿Qué pasaría si los seres humanos tuvieran agallas? • ¿Qué pasaría si ataras 150 globos de helio a tu Jack Russell Terrier de 5 kg? ¿Flotaría en el aire? • ¿Qué pasaría si alguien liberara una gran cantidad de helio en un espacio reducido de oficina? ¿Empezaría todo el mundo a hablar con una voz aguda y chillona? • ¿Qué pasaría si se te pegaran accidentalmente los dedos o los labios con super glue? • ¿Qué pasaría si llevaras pendientes o cualquier otro piercing en el cuerpo y no te lo quitaras antes de hacerte una resonancia magnética? • ¿Qué pasaría si quisieras visitar los siete continentes en un solo día? ¿Es posible? • ¿Qué pasaría si se rompiera el arnés de seguridad al pasar por un looping de una montaña rusa?

¿Qué pasaría si arrojaras una moneda desde el Empire State Building?

Es probable que hayas oído la historia de una persona que arrojó una moneda desde la plataforma de observación del Empire State Building y pidió un deseo. En dicho relato, la moneda mató a un peatón que pasaba por la acera.

Se trata de una de estas leyendas urbanas clásicas que son inciertas, pero que contienen una pizca de verdad.

Arrojar una moneda desde el Empire State Building no mataría a nadie. Una moneda sólo pesa alrededor de un gramo y además gira al caer. Así pues, al girar y al ser tan ligera la resistencia del aire es más que suficiente como para que no adquiera demasiada velocidad. Un gramo de peso desplazándose a una velocidad relativamente corta te podría doler un poco si te cayera en la cabeza, pero desde luego no te mataría.

La pizca de verdad contenida en esta leyenda urbana consiste en que los objetos que caen, incluso los que parecen más inofensivos, pueden provocar mucho daño. De ahí que los trabajadores en las obras de construcción lleven siempre cascos muy duros. Si una gran tuerca o tornillo de 50 g de peso te impactara en la cabeza, el daño sería considerable, y dependiendo de la altura desde la que ha caído, podría resultar letal en el caso de golpearte justo en el centro del cráneo.

Para que te hagas una idea del daño que puede hacer, echemos una ojeada a una bala. Las balas pesan entre 5 y 10 g, y salen expulsadas del cargador de un arma a una velocidad que oscila entre 1.280 y 3.200 km/h, dependiendo del tipo de arma, del tipo de bala y de la cantidad de potencia impulsora. Una bala del calibre 44, por ejemplo, pesa unos 9 g. Supongamos que sale de un revólver a 1.600 km/h. Eso nos da una energía de 300 cm-g (1 cm-g es la cantidad de energía necesaria para elevar en el aire 30 cm un peso de 450 g), que es más que suficiente para matar a alguien. En realidad, bastaría un tercio de esta cantidad para ocasionar un fatal desenlace.

Por su parte, una moneda de 1 g que cayera desde el Empire State Building podría alcanzar 160 km/h, lo que equivale a poco menos de 1 cm-g de energía en el momento del impacto. Dolería un poco, pero eso es todo.

Si una tuerca de 50 g, o un grupo de monedas que pesaran 50 g, cayera desde el Empire State Building, cubriría una distancia de 300 m hasta el suelo. Ignorando la resistencia del aire, alcanzaría una velocidad de 400 km/h, lo cual le conferiría una energía de 100 cm-g, letal si impacta en la cabeza. No obstante, si llevaras puesto un casco duro conseguirías sobrevivir.

¿Qué pasaría si los seres humanos tuvieran agallas?

En la película *WaterWorld*, con Kevin Costner, éste sufre una mutación que propicia el desarrollo de agallas detrás de las orejas. ¿Es eso realmente posible? ¿Acaso una mutación podría permitir al ser humano nadar en el agua como un pez, sin necesidad de recurrir a un equipo de inmersión?

Una forma de responder a esta pregunta consiste en examinar los registros evolutivos al respecto. Cada vez que la evolución ha colocado a un mamífero en el agua, tanto si se trata de una ballena, una marsopa, una morsa o un manatí, siempre lo ha dotado de pulmones en lugar de agallas. A menudo, la evolución realiza cambios drásticos para reorganizar el resto del cuerpo alrededor de los pulmones, como por ejemplo, situar el orificio de respiración en la parte superior de la cabeza en el caso de las ballenas, pero nunca ha dotado de agallas a un mamífero.

¿Por qué? La razón principal reside en el hecho de que las agallas de un mamífero tendrían que ser gigantescas. Las agallas funcionan a la perfección porque los peces, que son animales de sangre fría, no necesitan tanto oxígeno como el hombre. En efecto, un ser humano de sangre caliente necesitaría treinta veces más oxígeno por kilogramo de peso corporal que un pez de sangre fría. Al nadar, los humanos necesitarían incluso más oxígeno de lo normal. Además, los peces utilizan la boca y las aletas de las agallas para desplazar grandes cantidades de agua a través de las agallas. Los tiburones y otras especies piscícolas se ven obligados a moverse constantemente para que fluya la suficiente cantidad de agua a través de sus agallas.

Piensa en el espacio que ocupan las agallas en la cabeza de un pez y ahora imagina a un humano con treinta veces más espacio destinado a las agallas y a algún sistema que reconduzca el agua sobre su superficie. Éste es el motivo por el cual nunca verás un mamífero con agallas.

¿Qué pasaría si ataras 150 globos de helio a tu Jack Russell Terrier de 5 kg? ¿Flotaría en el aire?

El helio tiene una fuerza elevadora de 1 gramo por litro. De manera que si tienes un globo que contiene 5 litros de helio, podrá elevar 5 g.

Un globo de feria normal y corriente podría tener 30 cm de diámetro. Para determinar cuántos litros de helio puede contener una esfera, aplica la ecuación $4/3 \times \pi \times r \times r \times r$. El radio de un globo de 30 cm de diámetro es de 15 cm. Por consiguiente,

$$4/3 \times \pi \times 15 \times 15 \times 15 = 14.137 \text{ cm}^3 = 14 \text{ litros}$$

Así pues, un globo de feria puede elevar 14 g, suponiendo que tanto el peso del globo propiamente dicho como de la cuerda sea insignificante.

Supongamos que tu perro pesa 5 kg, es decir, 5.000 gramos. Entonces, 5.000 g : 14 g por globo = 357 globos para igualar el peso del animal. Como puedes ver, la respuesta es no, pues necesitarías 207 globos más para elevarlo.

Imaginemos ahora que en lugar de utilizar un montón de globos pequeños, te diriges a un almacén del ejército y compras uno de un diámetro de 3 m. Podría contener:

$$4/3 \times \pi \times 150 \times 150 \times 150 = 14.137.000 \text{ cm}^3 = 14.137 \text{ litros}$$

En consecuencia, con sólo uno de estos enormes globos, tu perro, junto con otros dos terriers de 5 kg, podría elevarse en el aire en un santiamén. ¡Como es lógico, esto es algo que no recomendaríamos intentar jamás!

¿Qué pasaría si alguien liberara una gran cantidad de helio en un espacio reducido de oficina? ¿Empezaría todo el mundo a hablar con una voz aguda y chillona?

El habla es una capacidad asombrosa. Cuando hablas, tu voz empieza con una corriente de aire que fluye desde los pulmones hasta la tráquea y circula entre las vibrantes cuerdas vocales situadas en la laringe. El sonido producido consiste en una frecuencia esencial que determina el timbre de tu voz y los armónicos de dicha frecuencia. En el caso de los varones y mujeres adultos, las frecuencias medias oscilan entre 130 herzios y 205 herzios respectivamente.

El sonido que sale por la boca está modificado por la forma de la garganta, la boca, las cavidades nasales y los movimientos de la lengua y los labios.

Uno de los factores que determinan tu timbre de voz es la velocidad del sonido. En el aire, el sonido se desplaza a 330 m/seg, mientras que su velocidad en un entorno de helio es casi el triple más rápida (casi 900 m/seg). Por lo tanto, si hablaras con helio en los pulmones, todas las ondas acústicas viajarían casi tres veces más deprisa a través de la garganta, la boca y las cavidades nasales, creando un tono o timbre aproximadamente tres veces más agudo. ¡Hablarías más o menos como el Pato Donald!

A una atmósfera de presión, con helio puro en el tracto vocal en lugar de aire, el timbre de tu voz sería alrededor de dos octavas y media más agudo que de costumbre, aunque es muy improbable que alguien fuera capaz de liberar el suficiente helio en un espacio de oficina para crear una situación en la que todo el mundo respirara helio puro, y aun en el caso de que fuera posible, la gente no tardaría en morir asfixiada.

Pero ¿y si se tratara de una mezcla de helio y oxígeno? ¿Tendría un efecto apreciable en la voz? Si respiras una mezcla de helio-oxígeno conteniendo un volumen del 68 % de helio, el timbre de la voz se incrementa, aunque sólo una octava y media. De ahí que si alguien insuflara la cantidad suficiente de helio en la oficina como para que el volumen de helio en el «aire» fuera del 68 %, se produciría una pronunciada elevación en la tonalidad de la voz de los presentes. Sin embargo, no tendría nada que ver con ese efecto chillón tan familiar que se produce al aspirar el helio de un globo.

¿Qué pasaría si se te pegaran accidentalmente los dedos o los labios con *super glue*?

No es de extrañar que suceda, y probablemente más a menudo de lo que imaginas.

El *super glue* merece realmente su nombre: 2,5 cm² de este producto pueden mantener pegada más de una tonelada de peso. ¿Qué hacer pues si te encuentras en una situación súper pegajosa?

El principal ingrediente del *super glue* es el cianacrilato ($C_5H_5NO_2$, para los entusiastas de la química). El cianacrilato es una resina acrílica que se seca y endurece casi instantáneamente. El único desencadenante que necesita son los iones hidroxilo presentes en el agua; prácticamente cualquier objeto que desees pegar contendrá una ligera cantidad de agua en la superficie. Por lo demás, el aire también contiene agua en forma de humedad.

Los adhesivos blancos pegan por evaporación del disolvente. El disolvente de la cola blanca, es decir, la que se suele utilizar en las escuelas, es agua. Cuando ésta se evapora, el látex de polivinilacetato que se ha extendido en las ranuras del material forma una unión flexible. Por otro lado, el *super glue* experimenta un proceso llamado «polimerización aniónica». El proceso químico de la polimerización produce una cierta cantidad de calor. Si una cantidad lo bastante grande de *super glue* entra en contacto con la piel, puede ocasionar quemaduras.

Las moléculas de cianacrilato empiezan a solidificarse tan pronto como entran en contacto con el agua, entrelazándose en cadenas para formar una malla plástica duradera. El adhesivo se espesa y endurece hasta que las hebras moleculares no se pueden mover.

Supongamos que estás reparando una pieza rota de barro, y antes de poder decir «¡Vaya!» te has pegado los dedos índice y pulgar. El tratamiento inmediato recomendado es el siguiente:

1. Decapa el adhesivo, pero no utilices un paño o un tejido, ya que una posible reacción química entre la tela y el adhesivo podría causar quemaduras o humo.
2. Sumerge los dedos en un baño de agua caliente y jabonosa.
3. No intentes separar los dedos a la fuerza, pues de lo contrario se desgarraría la piel.
4. Después de la inmersión, utiliza un utensilio de punta roma y borde redondeado para separar cuidadosamente los dedos.
5. Si este método no parece dar resultado, echa un poco de acetona (puedes utilizar un quitaesmalte de uñas) en la zona, intentando de nuevo separar los dedos con el utensilio.

La idea de que se te quede pegada la boca con *super glue* da la sensación de ser muy descabellada, aunque lo cierto es que muchos de nosotros tenemos el pésimo hábito de emplear los dientes para hacer girar los capuchones de los tubos de adhesivo, especialmente cuando el producto se ha endurecido y es difícil desenroscarlos. Imaginemos que acabas de hacerlo y que de pronto descubres un nuevo significado del refrán popular según el cual «En boca cerrada no entran moscas». Para separar los labios, las alternativas son ligeramente más limitadas:

1. Al tratarse de una zona del rostro, no utilices acetona.
2. Llena un cuenco de agua caliente y sumerge los labios.
3. Espera hasta que el agua haya penetrado lo más profundamente posible en los labios, incluso en el interior de la boca si está despegada en las comisuras labiales.
4. Cuando notes que se va atenuando la sujeción, usa un utensilio de punta roma y borde redondeado para separar los labios. Hazlo con sumo cuidado, sin forzar, ya que de lo contrario desgarrarías la piel.

Si crees que la capacidad del cianacrilato para reparar los objetos rotos es excelente, espera a oír algunas de sus propiedades adicionales. Una interesante aplicación es el uso de esta sustancia para cerrar heridas en lugar de los clásicos puntos de sutura. Los investigadores han descubierto que cambiando el tipo de alcohol en el *super glue* —de alcohol etílico o alcohol metílico a butilo u octilo— el compuesto es menos tóxico para el tejido humano. Por otro lado, los médicos no son los únicos profesionales de la sanidad que utilizan cianacrilato como fijador farmacológico para sus pacientes; también lo emplean los veterinarios.

¿Qué pasaría si llevaras pendientes o cualquier otro *piercing* en el cuerpo y no te lo quitaras antes de hacerte una resonancia magnética?

Las resonancias magnéticas (RM) proporcionan una visión incomparable del interior del cuerpo humano. El nivel de detalle es extraordinario. La RM es el método de elección para el diagnóstico de muchos tipos de lesiones y patologías, gracias a su increíble capacidad de confeccionar a la medida de la cuestión médica particular que se desea evaluar.

El componente de mayor tamaño y más importante en un sistema de RM es el imán, que se califica mediante el uso de una unidad de medida llamada «tesla». Otra unidad de medida comúnmente utilizada con los imanes es el «gauss» (1 tesla = 10.000 gauss). Los imanes que se emplean hoy en día en las RM oscilan entre 0,5 y 2 teslas, o lo que es lo mismo, entre 5.000 y 20.000 gauss. Los campos magnéticos superiores a 2 teslas no han sido aprobados para su uso en el análisis médico a través de la imagen, si bien es cierto que en investigación se utilizan imanes mucho más poderosos (de hasta 60 teslas). Si los comparas con el campo magnético terrestre (0,5 gauss), te harás una idea de lo asombrosamente potentes que son.

Dada la colosal potencia de estos imanes, la sala en la que se realizan las RM puede ser un lugar muy peligroso si no se observan ciertas precauciones muy estrictas. Los objetos metálicos se pueden convertir en peligrosos proyectiles si se hallan en la sala de escáner. Así, por ejemplo, los clips, bolígrafos, llaves, tijeras, hemostatos, estetoscopios y otros objetos de pequeño tamaño pueden salir despedidos de los bolsillos y del cuerpo en el momento menos pensado, volando hasta la abertura del imán (donde está situado el paciente) a altas velocidades, constituyendo una amenaza para cualquiera que se halle en la sala. Por otro lado, la mayoría de los sistemas de RM borran el código magnético de las tarjetas de crédito, libretas bancarias, etc.

La fuerza magnética ejercida sobre un objeto aumenta exponencialmente a medida que se aproxima al imán. Imagina que estás a 5 m de distancia del imán con una sección de tubería en la mano. Notarías un ligero tirón. Acércate un par de pasos y el tirón será mucho más fuerte. Cuando llegues a 1 m del imán, es probable que no puedas seguir sujetando la tubería y que se te escape de la mano. Cuanto mayor es la masa del objeto, más peligroso puede ser, ya que la fuerza con la que es atraído por el imán es mucho más poderosa. Cubos de fregar metálicos, aspiradoras, tanques de oxígeno, monitores cardíacos y muchísimos otros objetos han sido atraídos por los campos magnéticos de los aparatos de RM. En general, los objetos más pequeños se pueden liberar del campo magnético con la mano, pero los de gran tamaño deben extraerse con un cabrestante, so pena de que el campo magnético sufra un cortocircuito.

Antes de que un paciente o un miembro auxiliar del personal pueda acceder a la sala de escáner, pasa por un detector de metales, pero no sólo externos. Con frecuencia, los pacientes tienen implantes en el interior del cuerpo que hacen muy peligrosa su presencia bajo un potente campo magnético. Los fragmentos metálicos en el ojo son muy peligrosos, ya que su desplazamiento podría dañar el globo ocular o incluso provocar ceguera. Quienes llevan un marcapasos no se pueden someter a un escáner, ni siquiera acercarse al equipo, puesto que el imán puede provocar un mal funcionamiento del aparato. Asimismo, los clips de aneurisma en el cerebro también pueden resultar muy peligrosos, pues el imán puede moverlos, provocando el desgarro de la arteria en la que se implantaron.

Como verás, los campos magnéticos de una RM son increíblemente fuertes. Si se desdeñara una pieza metálica, por muy pequeña que ésta fuera, durante un escáner, podría causar problemas. Las piezas de joyería, bisutería, *piercings*, pendientes, etc. se pueden desprender con facilidad y volar hasta el equipo de RM.

¿Qué pasaría si quisieras visitar los siete continentes en un solo día? ¿Es posible?

Ante todo, deberías reflexionar un poco sobre algunas cosas. ¿Adónde vas? ¿Cuál es el lugar de partida? ¿Qué significa «en un solo día»? ¿Un período de veinticuatro horas? ¿O prefieres darle un sentido más amplio y prestar atención a la fecha en lugar del simple paso del tiempo? Y por último, aunque no por ello menos importante, ¿qué medio de transporte deberías emplear?

El itinerario de viaje incluiría visitas a cada uno de los continentes siguientes:

- ❞ África
- ❞ Antártida
- ❞ Asia
- ❞ Australia
- ❞ Europa
- ❞ América del Norte
- ❞ América del Sur

Cubrirías una increíble distancia, de ahí que a primera vista la empresa parezca imposible. Pero en realidad, existen dos formas de hacerlo: utilizando un medio de transporte extremadamente rápido, como el Concorde, o reinterpretar y matizar el significado de «en un solo día». Antes de referirnos al Concorde, analizaremos una cuestión muy interesante.

Al mediodía, el sol se halla en el punto más alto del cielo, cruzando el meridiano, en todo el planeta. De existir un solo horario en todo el mundo, esto sería imposible, ya que la Tierra gira 15° cada hora. Ésta es la razón por la que el globo terráqueo está dividido en zonas horarias. La idea que subyace detrás de las múltiples zonas horarias es la de dividir el mundo en veinticuatro segmentos de 15° y ajustar los relojes a tenor del horario de dicha zona. Todas las personas de una zona determinada sincronizan sus relojes de la misma forma y cada zona lleva una hora de diferencia en relación con la siguiente o la anterior. Si prestas atención a las zonas horarias, puedes utilizarlas en tu provecho a la hora de planificar el viaje. Te resultará muy útil interpretar «en un solo día» como la fecha del viaje y no simplemente como un período de veinticuatro horas. Si usas las zonas horarias, puedes partir de cualquier punto en el este y desplazarte hacia el oeste. De este modo, a medida que avance el viaje, ganarás horas adicionales a causa del cambio horario.

Si el tiempo no representara ningún problema, podrías elegir entre hacer el viaje en barco, en avión o utilizar una combinación de los dos. Sin embargo, dado que los aviones son ineludiblemente más veloces, es este medio el que deberías usar. Un Boeing 747 se desplaza a una velocidad de 901 km/h (Mach 0,84), mientras que el Concorde lo hace a 2.172 km/h (Mach 2), es decir, dos veces y media más deprisa. En noviembre de 1986, un Concorde de la compañía British Airways cubrió 45.180 km —una vuelta alrededor del mundo— en menos de treinta horas.

El coste de un vuelo en Concorde desde Londres hasta Nueva York es de 5.100 dólares ida o vuelta. Si bien es cierto que contratar un Concorde para tu viaje probablemente costaría varios millones de dólares, para ceñirnos a esta pregunta imaginaremos que tienes el dinero.

Como ya hemos dicho, desplazarnos de este a oeste nos proporcionará más tiempo para realizar el viaje. Vas a salir de la Antártida, volarás hasta el continente australiano y luego hasta Asia. Desde allí continuarás, por este orden, hacia Europa, África y América del Sur, finalizando el trayecto en América del Norte. De país en país, el recorrido sería el siguiente:

De McMurdo Station (Antártida) a Christchurch (Nueva Zelanda)
De Christchurch (Nueva Zelanda) hasta Bangkok (Tailandia)

De Bangkok (Tailandia) a París (Francia)

De París (Francia) a Ouagadougou (Burkina Faso)

De Ouagadougou (Burkina Faso) a Caracas (Venezuela)

De Caracas (Venezuela) a Dallas, Texas (Estados Unidos)

La escala más dificultosa del viaje es la primera. Aunque en la Antártida existen más de veinte pistas de aterrizaje, la mayoría de ellas son de grava o de hielo encostrado y no resultarían adecuadas para un Concorde. La Fuerza Aérea de Estados Unidos y la Real Fuerza Aérea de Nueva Zelanda viajan desde y hasta una zona de investigación en la Antártida conocida como McMurdo Station, donde la climatología puede complicar considerablemente los despegues y aterrizajes, tanto que algunos vuelos desde Christchurch a McMurdo Station se conocen como «boomerangs», ya que muchas veces se ven obligados a dar media vuelta a causa de las inclemencias del tiempo. Como sin duda habrás adivinado, la duración de los vuelos depende de la climatología, aunque la duración media de un vuelo se sitúa entre seis y siete horas. McMurdo Station y Christchurch se hallan en la misma zona horaria. Supongamos pues que despegas de McMurdo a las 10.30 horas de la mañana; llegarás a Christchurch a las 17 horas de la tarde.

Supongamos que has conseguido contratar un Concorde. La tablas siguiente muestra la hora local de salida, la duración del vuelo, la diferencia horaria y la hora de llegada para cada escala del viaje.. Hemos determinado la duración de los vuelos a partir de las millas náuticas que separan los diferentes destinos y del hecho de que un Concorde puede desplazarse aproximadamente a 1.173 nudos por hora. Veamos un ejemplo. Entre el Aeropuerto Internacional de Bangkok, en Tailandia, y el aeropuerto Charles de Gaulle en París (Francia) hay 5.082,35 millas náuticas. Por lo tanto,

5.082,35 : 1.173 = 4,33 horas, o 4 horas y 20 minutos

Escala	Hora local de salida	Duración del vuelo	Diferencia horaria	Hora local de llegada
McMurdo Station a Christchurch	10.30 horas	6 horas 30 minutos	0 horas	15 horas
Christchurch a Bangkok	16 horas	4 horas 45 minutos	6 horas	16.45 horas
Bangkok a París	15.30 horas	4 horas 20 minutos	6 horas	16 horas
París a Ouagadougou	17 horas	2 horas 10 minutos	1 hora	18.10 horas
Ouagadougou a Caracas	19 horas	3 horas 35 minutos	4 horas	18.35 horas
Caracas a Dallas	19.30 horas	2 horas 10 minutos	2 horas	17.40 horas

Como puedes observar, es posible viajar a todos los continentes en un día. En realidad, si partes del tiempo total de vuelo (23 horas y 40 minutos), descubrirás que si se pudiera aterrizar y despegar en tres o cuatro minutos, también sería posible cubrir el trayecto en menos de veinticuatro horas, ¡aunque a decir verdad, los aterrizajes y los despegues tardan más de tres o cuatro minutos!

Utilizando las zonas horarias y la velocidad máxima de transporte del Concorde, la pretendida epopeya parece extremadamente fácil. Con este panorama, incluso dispondrías de tiempo para descender del avión y sacar un par de fotos. Pero ¿qué pasaría si sólo pudieras viajar en un 747?

Escala	Hora local de salida	Duración del vuelo	Diferencia horaria	Hora local de llegada
McMurdo Station a Christchurch	12.30 horas	6 horas 30 minutos	0 horas	7 horas
Christchurch a Bangkok	7.30 horas	11 horas	6 horas	12.30 horas
Bangkok a París	13 horas	11 horas	6 horas	18 horas
París a Ouagadougou	18.30 horas	5 horas	1 hora	22.30 horas
Ouagadougou a Caracas	23 horas	8 horas	4 horas	3 horas
Caracas a Dallas	3.30 horas	4 horas 30 minutos	2 horas	6 horas

Así pues, como puedes comprobar, con un Boeing 747 no sería posible realizar un viaje de este tipo en un día.

¿Qué pasaría si se rompiera el arnés de seguridad al pasar por un *looping* de una montaña rusa?

Los *loopings* de una montaña rusa constituyen una especie de centrífuga. Cuando te aproximas al *looping*, la velocidad te desplaza en línea recta, pero una vez en él, la pista impide que la vagoneta, y por lo tanto también tu cuerpo, continúe desplazándose en línea recta. El vagón empieza a girar hacia arriba y la velocidad intenta seguir desplazándote en línea recta. La fuerza de la inercia te empuja hacia el suelo del vagón, creando, por así decirlo, una falsa gravedad que tira de ti hacia la base de la vagoneta cuando estás boca abajo. Ni que decir tiene que debes llevar un arnés de seguridad, pero lo cierto es que en la mayoría de los *loopings* te mantendrías en tu sitio tanto si llevaras un arnés como si no.

Mientras te desplazas por el *looping*, la fuerza que actúa sobre tu cuerpo cambia constantemente. En la base del *looping*, la fuerza de aceleración te empuja hacia abajo, en la misma dirección que la gravedad, y dado que las dos fuerzas tiran en el mismo sentido, te sientes especialmente pesado en este punto. Al remontar el *looping*, la gravedad tira de ti hacia atrás, hacia el respaldo del asiento, mientras que la fuerza de aceleración te empuja hacia la base del vagón. Sientes la gravedad tirando de ti hacia el asiento, pero si es que aún mantienes los ojos abiertos, verás que el suelo ya no está donde se suponía que debería estar.

En lo alto del *looping* estás completamente del revés y la gravedad tira de ti hacia abajo, en dirección contraria al asiento, pero la fuerza de aceleración, más poderosa, te empuja hacia el mismo, es decir, hacia el cielo. Dado que las dos fuerzas que tiran en direcciones opuestas son prácticamente iguales, tu cuerpo podría parecerte muy ligero. Todo depende de la velocidad que haya alcanzado la vagoneta y lo más o menos cerrado que sea el giro. Al salir del *looping* y nivelarte, vuelves a sentirte pesado.

Este tipo de montañas rusas son muy emocionantes, pues las diferentes fuer-zas que actúan sobre tu cuerpo encierran innumerables e intensas sensaciones en un corto trazado de pista y en cuestión de segundos. Al tiempo que sacuden alocadamente todas y cada una de las partes del cuerpo, tus ojos contemplan el mundo del revés. Para muchos entusiastas de los *loopings*, lo mejor del trayecto es cuando están en lo alto, se sienten ligeros como una pluma y lo único que ven es el cielo.

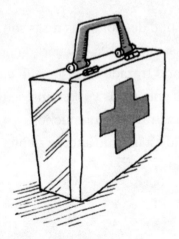

6

Guía de supervivencia

✳ ¿Qué pasaría si dos personas quedaran atrapadas en arenas movedizas? ¿Se hundiría antes la más pesada? • ¿Qué pasaría si viajaras en un ascensor y se rompiera el cable? • ¿Qué pasaría si dispararas accidentalmente a alguien con tu «pistola para aturdir»? • ¿Qué pasaría si te quedaras encerrado en un congelador? • ¿Qué pasaría si te quedaras varado a varios kilómetros de la costa en pleno invierno? • ¿Qué pasaría si estuvieras pescando en el hielo, éste se quebrara y fueras a parar al agua? • ¿Qué pasaría si alguien te robara la cartera? • ¿Qué pasaría si participaras en uno de esos programas televisivos de supervivencia y tuvieras que caminar sobre el fuego o dormir en una cama de clavos? • ¿Qué pasaría si fallara el equipo de inmersión?

¿Qué pasaría si dos personas quedaran atrapadas en arenas movedizas? ¿Se hundiría antes la más pesada?

Antes de ahondar en esta cuestión, conviene saber cómo se comportan las arenas movedizas. Cuando aparecen en las películas, suele ser habitual que el héroe o la heroína de turno se vea atrapado y succionado por una enorme masa de arena húmeda en movimiento. Afortunadamente, las arenas movedizas no son esa temible fuerza de la naturaleza que nos muestra en ocasiones la gran pantalla.

Las arenas movedizas no constituyen un tipo de suelo especial, sino que por lo general son de arena o de otra clase de terreno granulado. Según Denise Dumouchelle, geólogo del Servicio Geológico de Estados Unidos, se pueden formar en cualquier lugar si se dan las condiciones apropiadas. Un buen ejemplo lo tenemos en la arena de la playa. Piensa en la arena húmeda situada en las proximidades del agua. A simple vista parece sólida, pero cuando la pisas, se estremece. Básicamente, las arenas movedizas son arena ordinaria con una escasa fricción entre sus partículas. El término «movedizas» se refiere a la facilidad y rapidez con la que se desplaza la arena.

Dos factores contribuyen a propiciar dicho desplazamiento:

❞ **Agua subterránea:** El agua se filtra en la arena creando una minúscula bolsa entre cada grano. Cuando la arena se satura de agua, la fricción entre las partículas se reduce, adquiriendo una consistencia parecida a la de un líquido.

❞ **Terremotos:** La inmensa fuerza de los terremotos agita la arena y la separara, disminuyendo así la fricción. La zona afectada se inestabiliza, haciendo que los edificios y otros objetos situados en esa superficie se hundan o desmoronen.

Muy bien, ahora que sabemos cómo funciona, ¿qué ocurre cuando dos personas se caen en una trampa de arenas movedizas? Por término medio, el peso corporal humano tiene una densidad de 1 g/cm^3 y es capaz de flotar en el agua. Si tienes un bajo porcentaje de grasas, tendrás una mayor densidad, pero aun así, el aire atrapado en los pulmones te permitirán flotar. Las arenas movedizas son más densas que el agua (alrededor de 2 gr/cm^3), lo que significa que puedes flotar más fácilmente en ellas que en el agua. La clave consiste en que no cunda el pánico. La mayoría de la gente que muere ahogada en las arenas movedizas, o en cualquier otro líquido, suele asustarse y empieza a agitar los brazos y las piernas.

El error más común en relación con las arenas movedizas consiste en creer que se tratan de una especie de pozo de arena «viviente» y sin fondo que tira de ti hacia abajo. En realidad, si pisas unas arenas movedizas, nada te succionará. Sin embargo, tus movimientos pueden provocar que te hundas sin remedio. En opinión de Dumouchelle, al pisar una trampa de arena es tu peso el que facilita inicialmente el hundimiento. Así pues, en principio se podría pensar que la persona más pesada es la que se hundirá más deprisa. Pero lo cierto es que cuando la arena llega hasta las rodillas, el peso realmente no importa. Si el individuo tiene un porcentaje de grasas más elevado, es posible que tenga una ligerísima ventaja y que consiga salir a flote más pronto.

Lo peor que se puede hacer en unas arenas movedizas es agitarse alocadamente y mover los brazos y las piernas. En tal caso, lo único que se consigue es hundirse un poco más en la trampa de arena líquida. Es preferible realizar movimientos lentos para impulsarse hasta la superficie, y una vez en ella, tumbarse de espaldas, flotando hasta una zona segura. Éste es el método que da mejores resultados cuando la arena está bastante saturada.

La proporción arena-agua en las arenas movedizas puede variar; de ahí que algunas posean una menor capacidad para soportar el peso. En consecuencia, si te encuentras alguna vez en una trampa de arena menos saturada, existe un método mejor.

Una de las reacciones más habituales cuando alguien introduce un pie en unas arenas movedizas consiste en desplazar el peso sobre el otro pie, lo cual produce una especie de movimiento de balancín, con la persona alternando el peso corporal a derecha e izquierda en un intento por sacar un pie de la trampa. Este movimiento empeora la situación. Lo que deberías hacer es dejarte caer hacia atrás e intentar distribuir el peso del cuerpo sobre la mayor superficie de arena posible. Continúa liberando el pie con movimientos lentos, y cuando lo hayas logrado, rueda sobre ti mismo hacia tierra firme, incorpórate rápidamente y corre para salir.

Ha habido muchos casos en los que las víctimas se han quedado con las piernas atrapadas en arenas movedizas y han sido incapaces de salir por sus propios medios. Para que esto ocurra, la arena debe tener el nivel apropiado de humedad, y la persona debe estar enterrada, como mínimo, hasta los muslos. En este caso, liberarla requiere la cooperación de por lo menos dos transeúntes o de un equipo completo de rescate.

¿Qué pasaría si viajaras en un ascensor y se rompiera el cable?

En las películas de acción, los ascensores se desploman docenas de plantas y se desintegran en una bola de fuego —y probablemente una o dos explosiones gratuitas— en la base del hueco. Afortunadamente, los ascensores del mundo real son algo más estables. En realidad, los ascensores modernos disponen de tantos dispositivos de seguridad que semejante situación es prácticamente imposible que se produzca, si bien es cierto que por lo menos sucedió una vez, cuando un avión colisionó con el Empire State Building en 1945. Curiosamente, el único pasajero que viajaba en el ascensor, una ascensorista llamada Betty Oliver, sobrevivió a la caída de setenta y cinco pisos.

En un sistema de ascensor con cable, los cables de acero van sujetos a la cabina, formando un bucle alrededor de una especie de polea en la sección superior del hueco del ascensor, donde unas hendiduras sujetan firmemente los cables. Un motor eléctrico hace girar la polea, la cual, al moverse, desplaza también los cables. El sistema de polea y cables hace subir y bajar la cabina, que discurre a lo largo de unos raíles de acero instalados en el interior del hueco del ascensor.

Los cables están compuestos por varios trozos de material de acero bobinados uno alrededor del otro. Estos cables casi nunca se rompen, y los inspectores los examinan con regularidad para comprobar cuál es su grado de desgaste. Los ascensores se suelen construir con múltiples cables (de cuatro a ocho), de manera que en el improbable caso de que uno de ellos cediera, los restantes sostendrían el ascensor. A decir verdad, un solo cable sería capaz de soportar el peso del ascensor. Por consiguiente, la respuesta es muy simple: no ocurriría nada si se rompiera un cable, o incluso dos o tres.

Pero supongamos que todos los cables se rompen al mismo tiempo. En tal situación, entrarían en acción los dispositivos de seguridad del ascensor, y más concretamente el sistema de frenos, que ancla la cabina en los raíles por los que se desplaza. Por regla general, estos dispositivos se activan mediante un mecanismo que controla la velocidad.

Este mecanismo consiste en una polea de garganta cónica que gira cuando el ascensor se mueve. Cuando la polea gira demasiado deprisa, la fuerza centrífuga de la rotación dispara hacia fuera dos cápsulas pivotantes que accionan una palanca, la cual activa el sistema de frenado. Dicho sistema desacelera gradualmente la cabina y la detiene. Asimismo, los ascensores de largo recorrido disponen de unos sistemas de frenado adicionales e independientes que desaceleran automáticamente la cabina cuando ésta llega a la sección superior y a la base del hueco o cuando se interrumpe el suministro de fluido eléctrico.

Si todo esto fallara y la cabina se desplomara por el hueco del ascensor, la situación sería francamente descorazonadora. En una caída libre, es decir, gobernada única y exclusivamente por la fuerza de la gravedad, todos los objetos se precipitan hacia el centro de la Tierra, acelerando a 9,8 m/seg^2. Si el ascensor se halla en caída libre, tú también, y dado que el suelo se precipitaría bajo tus pies a la misma velocidad con la que caes hacia tierra, te sentirías casi ingrávido. Podrías impulsarte y «flotar» en la cabina.

Pero si la cabina cayera hasta la base del hueco, pronto descubrirías que en realidad no eres ingrávido. Cuando el ascensor dejara de moverse, el suelo recuperaría repentinamente su estabilidad, pero tú seguirías cayendo. El encontronazo contra el suelo de la cabina sería durísimo, como si hubieras saltado al vacío por el hueco del ascensor. Por otro lado, la cabina se haría trizas en un santiamén. Tus probabilidades de supervivencia serían muy escasas si el ascensor se hubiera precipitado desde una altura de varias plantas.

Sin embargo, un ascensor que se desploma no lo hace en caída libre. En efecto, la fricción de los raíles a lo largo del hueco y la presión del aire situado debajo de la cabina lo desacelerarían considerablemente. Te sentirías más ligero que de costumbre, ya que el suelo se precipita bajo tus pies, pero la gravedad te aceleraría más deprisa que la cabina, de manera que permanecerías en contacto con el suelo de la misma, el cual amortiguaría tu caída y la fuerza del impacto no sería tan grave. Aun así, si el ascensor se precipitara desde la altura suficiente, el impacto al llegar a la base podría ser letal.

Sea como fuere, es probable que el ascensor no sufriera una parada repentina. La mayoría de los sistemas de ascensor por cable disponen de un amortiguador incorporado instalado en la base del hueco. Se trata de un pistón que se aloja en el interior de un cilindro lleno de aceite y destinado a absorber y amortiguar los impactos. En tal caso, las probabilidades de supervivencia serían muy elevadas.

Si en alguna ocasión te encuentras en una situación como ésta, es aconsejable tumbarse en el suelo. De este modo, te estabilizas y distribuyes la fuerza del impacto, que no recae sobre una única parte del cuerpo.

No te molestes en saltar

Existe una omnipresente teoría según la cual si saltas inmediatamente antes del impacto de la cabina, correrás mejor suerte, pues el salto contribuye a contrarrestar la inercia descendente. Aun en el caso de que pudieras sincronizar perfectamente el salto, lo cual es bastante improbable, no serviría de mucho. Simplemente disminuiría en una mínima fracción la inercia —saltas un poquito hacia arriba, pero caes a una tremenda velocidad—. La fuerza del impacto sería aproximadamente la misma.

¿Qué pasaría si dispararas accidentalmente a alguien con tu «pistola para aturdir»?

En la vieja serie *Star Trek*, el capitán Kirk y su tripulación nunca abandonan la nave sin sus inseparables armas, una de cuyas características más sobresalientes es la capacidad de aturdir al enemigo.

Nos hallamos aún muy lejos de disponer de semejante armamento futurista, pero lo cierto es que millones de agentes de policía, soldados y ciudadanos de a pie llevan armas para aturdir con la finalidad de protegerse de los ataques personales.

Solemos pensar en la electricidad como en una fuerza perjudicial para el organismo. Si te alcanza un rayo o introduces el dedo en una toma de corriente, la sacudida puede dejarte inconsciente o incluso matarte. Pero en pequeñas dosis, la electricidad es inofensiva. En realidad, constituye uno de los elementos más esenciales del cuerpo humano. Necesitamos electricidad para hacer virtualmente cualquier cosa.

Cuando quieres preparar un sándwich, por ejemplo, el cerebro envía un impulso a través de una célula nerviosa hacia los músculos del brazo. La señal eléctrica dice a la célula que libere un neurotransmisor —una sustancia química de comunicación— en las células musculares. Los neurotransmisores indican a los músculos que deben contraerse o dilatarse de la forma apropiada para poder preparar el sándwich en cuestión. Al cogerlo, las células nerviosas sensibles de la mano envían mensajes al cerebro que te permiten apreciar el aspecto del sándwich, y cuando por fin te lo llevas a la boca, ésta envía señales al cerebro informándole acerca de su sabor.

De este modo, las diferentes partes del cuerpo utilizan la electricidad para comunicarse entre sí. En realidad, se parece a una red telefónica o a Internet. Se transmiten pautas eléctricas específicas para transmitir mensajes reconocibles.

La idea básica de un arma de aturdimiento consiste en interrumpir este sistema de comunicación, o lo que es lo mismo, que la carga tiene muchísima presión, pero menos intensidad. Al apretar el gatillo, la carga se transmite al cuerpo de la otra persona, y dado que tiene un voltaje relativamente elevado, pasa a través de la ropa y la piel. Sin embargo, la carga, de alrededor de 3 miliamperios, no es lo bastante intensa como para dañar el cuerpo, a menos que se aplique durante un largo período de tiempo.

Aun así, la carga no vierte una cantidad excesiva de información en el sistema nervioso de la víctima y se combina con las señales eléctricas del cerebro. Es algo parecido a introducir una corriente externa en una línea telefónica. La señal original se mezcla y genera ruido, dificultando el proceso de descifrado de los mensajes. Así pues, con el arma de aturdimiento generando un tono de «ruido», al individuo le resulta muy difícil impartir a sus músculos una orden de movimiento. Se siente confuso y desequilibrado, además de permanecer paralizado temporalmente.

La corriente se puede generar con una frecuencia de impulso que simule las propias señales eléctricas del cuerpo. En este caso, indicará a los músculos que deben realizar un extraordinario esfuerzo en un corto período de tiempo. A decir verdad, la acción en los músculos se produce a nivel celular, de manera que no podrás apreciar la menor sacudida o movimiento convulsivo en el destinatario de la carga, la cual no hace sino reducir las reservas de energía de la persona, dejándola demasiado débil como para moverse. Al fin y al cabo, ésta es la finalidad que se persigue, ya que habitualmente un arma de aturdimiento se utiliza contra un atacante.

La eficacia de este tipo de armas puede variar dependiendo del modelo, el tamaño de la víctima y la duración de la descarga. Si las usas durante medio segundo, el individuo notará un leve shock doloroso; si prolongas la descarga durante uno o dos segundos, experimentará espasmos musculares y quedará aturdido; y si se trata de una descarga de más de tres segundos, perderá el equilibrio, se desorientará e incluso puede perder el control muscular. No obstante, la determinación puede ser un factor atenuante. En efecto, los atacantes muy resueltos en su acción y con una cierta fisiología son capaces de soportar perfectamente cualquier tipo de descarga.

¿Qué pasaría si te quedaras encerrado en un congelador?

Es más de medianoche y la jornada ha sido muy larga en el restaurante en el que trabajas. Sólo te queda reparar ese estante roto de la cámara de congelación y luego te irás a casa. Al penetrar en aire gélido, decides que sería una buena idea ponerte la sudadera, pues vas a tardar algunos minutos en solucionar el problema. Empujas la puerta pero ésta no se abre. Intentas accionar el tirador de seguridad y de pronto descubres que el estante no es lo único que está estropeado. Piensas: «Y ahora, ¿qué voy a hacer?». Estás solo y es inútil pulsar el timbre de alarma. Echas un vistazo al reloj y te das cuenta de que deberán transcurrir seis horas antes de que llegue el personal para servir los desayunos...

¿Qué harías en una situación como ésta? En primer lugar, echa una ojeada a tu alrededor para comprender a lo que deberás enfrentarte:

" Probablemente, la temperatura oscilará entre 0 °C y –10 °C, que es la temperatura correcta con arreglo a las normativas relacionadas con las cámaras frigoríficas.

" El techo, las paredes y la puerta tienen un grosor de 10-15 cm, y están fabricadas de algún tipo de espuma aislante, como por ejemplo el poliuretano, revestida de placas de acero galvanizado, acero inoxidable o aluminio.

" El suelo está cubierto de acero galvanizado, acero inoxidable o aluminio.

" Hay estantes de acero inoxidable repletos de bolsas de plástico llenas de carne, pescado y otros productos alimenticios congelados.

" Una lámpara resistente al vapor proporciona una tenue iluminación.

" Una hilera de gruesas cortinas de plástico cuelgan del umbral de la puerta.

Básicamente, te hallas en el interior de una caja metálica gigantesca, herméticamente cerrada y extremadamente fría. En consecuencia, deberás preocuparte de tres factores específicos:

" Hipotermia
" Congelación
" Suministro de aire

La temperatura interna normal del cuerpo de una persona sana es de 37 °C. La hipotermia se produce cuando dicha temperatura desciende significativamente por debajo de lo normal:

99 Hipotermia leve: temperatura interna del cuerpo entre 34 °C y 37 °C.

99 Hipotermia moderada: temperatura interna del cuerpo entre 23 °C y 32 °C.

99 Hipotermia severa o profunda: temperatura interna del cuerpo entre 12 °C y 20 °C.

Una persona que sufra hipotermia se sentirá cansada y confusa. Puede experimentar un descenso en el ritmo de la respiración y la capacidad de habla, seguido de una pérdida de sensibilidad o movimiento de las manos. Los aquejados de hipotermia severa corren el riesgo de sufrir un paro cardíaco e incluso la muerte.

Para evitar la hipotermia, hay que mantener la temperatura interna del cuerpo, y la mejor manera de hacerlo consiste en utilizar algún tipo de protección contra el frío.

El calor corporal se pierde de muy diversas formas. Pierdes calor cuando respiras y sudas. Las grandes áreas de la piel expuestas al sol irradian muchísimo calor. El calor también se puede perder cuando el cuerpo entra en contacto con superficies frías, tales como la nieve, o en este caso, un metal extremadamente frío. Afortunadamente, no todo está perdido, pues dispones de algunas herramientas útiles. Si has entrado en la cámara frigorífica para reparar un estante, sin duda llevarás un rollo de cinta aislante en el bolsillo y una herramienta de múltiples usos, como por ejemplo un Leatherman o Bucktool, con la que podrías cortar las cortinas de plástico del umbral de la puerta y confeccionar un traje o una tienda para aislarte del frío. Si trabajas deprisa, podrías mantener una temperatura corporal próxima a la normal hasta haber terminado la protección aislante, dado que has estado consumiendo energía para confeccionar el traje o la tienda. Asimismo, podrías utilizar algún retal sobrante de plástico o cartón para colocar en el suelo y sentarte. De este modo, no estarías en contacto con el suelo metálico, que es un buen conductor de la energía.

Para evitar la congelación, debes asegurarte de que las extremidades están cubiertas y protegidas del frío. La tienda o el traje de plástico te ayudaría. La cabeza irradia una increíble cantidad de calor corporal. Así pues, si llevas una camiseta lo bastante larga, corta un poco de tela del dobladillo —procura no dejar ninguna área de piel descubierta— y utiliza el material y un poco de cinta aislante para confeccionar un sombrero o una especie de pañuelo para la cabeza y un par de mitones. Esto protegerá las manos, la cabeza y el rostro de la congelación y también contribuirá a reducir la cantidad de calor que emana de tu cuerpo y de la exhalación al respirar.

Ahora que ya sabes lo que debes hacer en relación con la hipotermia y la congelación, ¿qué sucede con el aire? Supongamos que estás encerrado en una cámara de congelación de $6 \times 3 \times 2,4$ m y que es totalmente hermética. Esto significa que dispones de 1.600 m^3 de aire para respirar. Inicialmente, el aire está formado por un 20 % de oxígeno y casi 0 % de dióxido de carbono. Cada vez que respiras, el cuerpo consume oxígeno y libera dióxido de carbono. Inhalas aire formado por un 20 % de oxígeno y 0 % de dióxido de carbono, y exhalas aire formado por alrededor de un 15 % de oxígeno y un 5 % de dióxido de carbono.

Una persona en estado de reposo respira alrededor de 2.800 m^3 de aire al día. Si lo calculas, comprobarás que necesita aproximadamente 150 m^3 diarios de oxígeno puro. La cámara frigorífica contiene 320 m^3 de oxígeno puro. Al ser humano le bastan concentraciones de oxígeno del 10 % poco más o menos para mantenerse en perfectas condiciones, de manera que hay el suficiente oxígeno para sobrevivir un día entero en un congelador de este tamaño. Con todo, no conviene correr ni saltar; el oxígeno es un elemento valiosísimo en un entorno de este tipo.

La otra cara de la moneda es el dióxido de carbono. Cuando la concentración en el aire de este compuesto químico se sitúa por encima del 5 %, es fatal. Al 2 %, el ritmo de la respiración se acelera considerablemente y el individuo se debilita. En una cámara de semejantes dimensiones, la presencia de una cantidad excesiva de dióxido de carbono constituye un problema mucho mayor que el de escaso oxígeno. Transcurridas seis horas, los efectos del envenenamiento por dióxido de carbono son apreciables.

Imaginemos que has tenido éxito con la tienda, el sombrero y los mitones. Seis horas más tarde, cuando llegue el personal del restaurante, es muy probable que te sientas mareado, debilitado o desorientado como consecuencia de la inhalación de dióxido de carbono. Asimismo, y en el mejor de los casos, es casi seguro que sufrirás una hipotermia leve, de manera que hablarás con lentitud y el movimiento de las manos será limitado. Necesitarás aire fresco, tal vez oxígeno adicional, así como tratamiento para la hipotermia. En cualquier caso, si no presentas todos estos síntomas, es aconsejable acudir a urgencias del hospital más próximo para recibir atención médica.

¿Qué pasaría si te quedaras varado a varios kilómetros de la costa en pleno invierno?

Estamos a principios de noviembre y tus compañeros de facultad están entusiasmados por lo que parece ser una ola de buen tiempo. Para disfrutar del espléndido día soleado —la temperatura es de 15 °C—, decides invitar a tu amigo a realizar un crucero de recreo por el lago Huron en la nueva embarcación deportiva de 8,5 m de eslora que ha comprado papá. Conducirla resulta más emocionante de lo que habías imaginado. Sin darte cuenta, ha ido transcurriendo el tiempo y llega el atardecer. Cuando decidís que es la hora de regresar, el motor emite un sonoro chasquido y se detiene. Tras repetidos intentos de rearrancarlo, llegas a la conclusión de que se ha averiado y de que la situación no tiene remedio. ¡Fenomenal! Ahora tú y tu compañero estáis varados en la embarcación, hace cada vez más frío y pronto oscurecerá. ¿Qué vais a hacer?

Divisáis tierra a lo lejos, pero nadar no constituye una alternativa demasiado sensata, y aunque el agua no está picada, lo cierto es que está bastante fría. A temperaturas de 4 °C a 10 °C, puedes quedar exhausto en apenas media hora y desarrollar hipotermia en una hora. Aun siendo un buen nadador, no es probable que consiguieras cubrir más de 1,5 km en estas condiciones antes de agotarte, y en tal caso, estarías demasiado lejos tanto de la embarcación como de la costa. Por lo demás, tras aparecer los primeros efectos de la hipotermia, perderías el conocimiento y acabarías ahogándote.

La temperatura está bajando y muy pronto se hará de noche, de manera que tienes que actuar con rapidez. Veamos a continuación los aspectos fundamentales que deberías tener en cuenta:

- Señalización para pedir socorro
- Agua
- Exposición a los elementos
- Alimentación

Existen diversos dispositivos que pueden utilizar las embarcaciones varadas para comunicar su posición:

- Radiofaro de emergencia indicador de posición (REIP)
- Equipos de tinte o señalizadores de agua
- Bengalas
- Dispositivos reflectores (espejos, relojes, etc.)
- Bocinas u otras alarmas acústicas

Al estar oscureciendo, vuestras opciones están limitadas por ahora al REIP, las bengalas y las bocinas.

Tanto los marinos como los pilotos utilizan el REIP. Un REIP moderno es un sofisticado mecanismo que contiene los tres componentes siguientes:

❞ Radiotransmisor de 5 watios operando a 406 MHz

❞ Radiotransmisor de 0,25 watios operando a 121,5 MHz

❞ Receptor GPS

Una vez activados, los dos radiotransmisores empiezan a transmitir. Un satélite meteorológico GOES situado en el espacio a 38.400 km de altitud, en una órbita geosincronizada, puede detectar la señal de 406 MHz, que transporta un número de serie exclusivo, y si la unidad está equipada con un receptor GPS, indica la situación exacta del radiotransmisor. Si el REIP está debidamente registrado, el número de serie permite conocer a las autoridades quién es su propietario. Los equipos de rescate, desde aviones o embarcaciones, pueden conectar con el REIP mediante una señal de 406 MHz o de 121,5 MHz.

Cuando hayas activado el REIP, haz sonar la bocina intermitentemente. Luego, rastrea la embarcación en busca de bengalas. Si tienes las suficientes, enciende una cada quince minutos. Con un poco de suerte, alguien podría distinguir la señal. Pero no las malgastes si consideras que ya es demasiado tarde como para que los equipos de rescate salgan en tu búsqueda. Resérvalas para cuando presumiblemente puedan estar próximos. Si no os han encontrado por la mañana, puedes incorporar otro método a tu rutina de socorro, como por ejemplo, desmontar el espejo del cuarto de baño para emitir señales en forma de destellos, aprovechando la luz solar.

Se supone que dispones de ocho a diez vasos de 224 cm³ diarios, lo cual hace un total de 1.792 cm³, o lo que es lo mismo, 2,27 litros. Tu compañero ha traído un depósito de 4,5 litros esta mañana, pero ha estado bebiendo agua durante todo el día. ¿Cómo piensas resolver el problema del agua? Es posible que la propia embarcación disponga de un tanque. Teniendo en cuenta su eslora —8,5 m—, se podría esperar que estuviera provista de un depósito de 109 a 145 litros de agua potable. Si por alguna razón el tanque está vacío, puedes echar una ojeada al equipo de emergencia que acompaña la bolsa salvavidas por si hubiera tabletas y filtros de purificación de agua, lo cual te permitiría elaborar agua potable.

Si estás en el océano en lugar de un lago y tienes un poco de suerte, tal vez puedas disponer de un equipo solar de desalinización. De lo contrario, tienes un verdadero problema. No bebas nunca agua de mar, ya que la sal acelera la deshidratación.

Aunque podéis sobrevivir varios días sin alimentos, es probable que queráis comer algo. Después de buscar y rebuscar en la embarcación, descubres que lo único que hay son unas cuantas conservas de carne que te llevaste para tomar un aperitivo. En lugar de dejaros llevar por vuestro voraz apetito y consumirlas todas de una vez, es preferible racionar el alimento y guardar un poco para un caso de emergencia. Por otro lado, con el hilo dental que has encontrado en el baño y algunos ganchos podéis confeccionar un rudimentario sistema de pesca.

Ahora que ya has resuelto el problema de la alimentación y el agua, hay que considerar la climatología. Si tienes una radio a bordo, deberías escuchar los partes meteorológicos. Sea como fuere, con o sin parte, deberías anticiparte y planificar las cosas para el peor de los casos. En esta zona, una temperatura de 15 °C es realmente inusual. La temperatura media en noviembre en Alpena, Michigan (Estados Unidos) oscila entre una máxima de 6 °C y una mínima de –2 °C.

Esto significa que las temperaturas nocturnas podrían descender fácilmente por debajo de 0 °C, y si a eso le añadimos el factor viento, gélido por cierto, podrían aproximarse a los –5 °C o –7 °C. Si no encuentras una forma de mantenerte caliente, corres el riesgo de sufrir hipotermia. Puedes utilizar toda clase de lonas o telas para confeccionar una gran manta o una tienda. Si es necesario, arranca la tapicería de los asientos. Ambos podéis acurrucaros debajo de la manta o dentro de la improvisada tienda para manteneros a resguardo del viento y compartir el calor corporal. Si hace mucho viento o empieza a llover, podéis vaciar el compartimiento de almacenaje o apretujaros en el cuarto de baño, haciendo turnos en la cubierta para otear el horizonte en busca de aviones o embarcaciones de rescate. Tened las bengalas a mano para poder señalizar vuestra posición si alguien se acerca.

¿Qué pasaría si estuvieras pescando en el hielo, éste se quebrara y fueras a parar al agua?

Según el Departamento de Recursos Naturales de Michigan, aproximadamente dos millones de personas desafían las gélidas temperaturas y los temibles vientos fríos cada invierno para pescar en el hielo. Muchos de estos ávidos pescadores acuden a las aguas heladas de los Grandes Lagos, sin tener en cuenta que la situación resulta potencialmente peligrosa. La mayoría de los pescadores de hielo son conscientes de ello y toman innumerables precauciones de seguridad, entre las cuales cabe destacar las siguientes:

" Pescar en grupo. Hacerlo solos no es nunca una buena idea.
" Informarse acerca de las condiciones meteorológicas y de pesca antes de salir.
" Llevar consigo un DPF (dispositivo personal de flotación).
" Buscar una zona de por lo menos 8-10 cm de hielo sólido y transparente.
" Comunicar los planes de pesca a los amigos y familiares.
" Llevar consigo un equipo de seguridad (taladros, brocas, destornilladores, clavos de montañismo y cuerda).

Aun así, por muy cuidadoso que seas, los accidentes son inevitables. ¿Qué pasaría si se quebrara el hielo mientras pescas y te cayeras al agua? Básicamente, hay dos cosas de las que deberías preocuparte:

" Asfixia
" Hipotermia

Lo más probable es que lleves puesto algún tipo de DPF, de manera que no te hundirías. Así pues, tu principal prioridad en este caso sería salir del agua.

Tanto si tienes un dispositivo de flotación como si no, cuando la temperatura del agua oscila entre 0 °C y 4 °C dispones de muy poco tiempo antes de que aparezcan los primeros síntomas de hipotermia. En realidad, algunas víctimas han sucumbido a sus efectos en apenas diez o quince minutos. Si sufres hipotermia, probablemente perderás el conocimiento y te ahogarás.

Intenta mantener la calma y procura alcanzar la superficie del hielo en la misma dirección en la que caíste al agua. Detrás de ti el hielo es más grueso. Utilizando el taladro, la barrena o cualquier otro objeto puntiagudo que tengas a mano, ízate sobre el hielo. Cuando lo hayas conseguido, no te pongas de pie. Si distribuyes el peso corporal a lo largo y ancho del hielo habrá más probabilidades de que no vuelva a ceder. Puedes rodar o gatear para llegar hasta una capa de hielo más segura. Pero el peligro no ha pasado. Debes tratar la hipotermia lo antes posible. La temperatura de tu cuerpo continuará descendiendo mientras te halles en un entorno frío. Busca cobijo y ropa seca de inmediato. También puedes tomar bebidas calientes no alcohólicas. Por muy tentador que parezca, el alcohol dilata los vasos sanguíneos, acelerando la pérdida de calor.

Supongamos ahora que no eres tú el infortunado que se ha caído a través del hielo, sino tu compañero de pesca. ¿Qué deberías hacer? Tu primer instinto será el de correr hacia él para ayudarlo. ¡No lo hagas! ¡Ambos acabaríais en el agua! Coge lo más largo que tengas a mano (taladro, cuerda o rama). Luego échate en el hielo y tiéndeselo a tu amigo para que pueda aferrarse. A continuación, tira de él hasta que pueda salir del agua. Si no dispones de nada lo bastante largo como para llegar hasta su posición pero hay otras personas en las inmediaciones, podéis formar una cadena humana. Echaos todos en el hielo, uno delante del otro, y sujetaros por los pies hasta alcanzar a la víctima. Al igual que antes, tu compañero necesitará un tratamiento de primeros auxilios para frenar la hipotermia.

¿Qué pasaría si alguien te robara la cartera?

¡Por fin han llegado las vacaciones! Vas a Londres para visitar a un antiguo compañero de habitación de la universidad. Mientras haces cola en el aeropuerto para facturar el equipaje y sueñas despierto con el próximo reencuentro, una sonora discusión de la pareja que te precede en la fila te hace regresar a la realidad. Discuten a voz en grito sobre quién tenía la responsabilidad de traer los billetes. Mientras se dirigen a la puerta de salida, te sumerges de nuevo en tu sueño hasta que el empleado anuncia: «El siguiente por favor».

Es tu turno. Depositas el billete en el mostrador y el empleado te pide el carnet de identidad, el permiso de circulación o cualquier otra identificación. ¡Oh, no! Llevabas la cartera en el bolsillo y ha desaparecido. Hurgas en la bolsa, pero tampoco está allí. ¡Menuda situación! Piensas: «He perdido la cartera; ¿qué voy a hacer ahora?».

No has advertido que la pareja que discutía y el tipo que estaba detrás de ti en la cola son los responsables del robo. Adiestrados en el innoble arte del carterismo, estos delincuentes profesionales han utilizado el elemento distracción para hacerse con tu cartera y tu pasaporte en cuestión de segundos. ¿Qué deberías hacer en un caso como éste? En primer lugar, echaremos un vistazo a cómo cometen el delito los carteristas para saber cómo puedes burlarlos.

El carterismo es uno de los delitos más antiguos y más comunes en el mundo, y desde luego no parece mostrar la menor tendencia a desaparecer a corto plazo. Más habitual en las áreas metropolitanas, los carteristas acechan a sus víctimas en las zonas densamente pobladas y en las que existe una frenética actividad. Lugares tales como aeropuertos, estaciones ferroviarias, andenes del metro, cines, teatros y desfiles proporcionan un sinfín de oportunidades a los carteristas. Cualquiera puede serlo: hombres, mujeres, niños; no existe ningún límite de edad ni tienen un «aspecto» típico. Algunos de los que tienen más éxito en su cometido van muy bien vestidos; incluso parecen hombres y mujeres de negocios.

Casi siempre suelen trabajar en grupo y emplean diversas técnicas para distraer a sus víctimas para que no adviertan cómo su ligerísima mano se introduce en el bolsillo y se apodera de sus objetos de valor. Veamos algunas de estas tácticas:

- Dos o más personas inician algún tipo de altercado, mientras un tercero se encarga de sustraer subrepticiamente una cartera y/o las joyas de la víctima («víctima fácil»).

- El carterista tiene un encontronazo «accidental» con la víctima, al tiempo que le roba la cartera.

- El delincuente simula haber perdido algo, tal vez una lente de contacto o cualquier otro objeto difícil de distinguir, y comete el robo mientras la víctima intenta ayudarlo en la búsqueda.

- Un niño se aleja corriendo de su exasperado padre, refugiándose detrás de ti. Cuando el padre empieza a discutir contigo, el pequeño te sustrae sigilosamente los objetos de valor.

Los carteristas profesionales son ágiles e inteligentes, y detectan enseguida a las víctimas fáciles incluso entre una gran multitud.

Sin embargo, existen algunas precauciones que puedes tomar para burlarlos:

- Vigila a tu alrededor y sospecha de quien invada tu espacio personal.

- Los hombres deberían llevar la cartera en la parte más segura de su atuendo, como por ejemplo un bolsillo delantero de los vaqueros, con la mano dentro del mismo, sobre la cartera.

- Las mujeres con bolso deberían llevarlo cruzado sobre el cuerpo, con el bolso delante y las manos protegiendo siempre la abertura.

- Si es posible, guarda el dinero en un lugar diferente a las llaves, pasaporte, el permiso de conducir o el carnet de identidad.

- Guarda los billetes separados de las monedas y ten billetes pequeños a mano para no hacer una exhibición de todo el dinero que llevas encima al pagar.

🙶 No lleves más dinero o tarjetas de crédito de las necesarias.

🙶 Viste con ropa informal que se confunda fácilmente con la del resto de la gente.

🙶 Lleva las mínimas joyas posible, pues llaman la atención de los indeseables.

Incluso los más precavidos pueden ser objeto de un robo de vez en cuando. Imagina que alguien se las ingenia para sustraerte la cartera. Con algunas tácticas muy simples puedes reducir al mínimo las pérdidas:

🙶 Guarda un registro en casa, o en cualquier otro lugar seguro, de todas las tarjetas de crédito y cartillas de ahorro que llevas en la cartera. Lo mejor es sacar fotocopias y anotar el número de teléfono de emergencia en cada una de ellas.

🙶 Confecciona un registro actualizado de tus gastos para poder compararlo, si es necesario, con tus compras recientes en las tarjetas de crédito.

🙶 No lleves nunca la cartilla de la seguridad social en la cartera.

🙶 No guardes los números de identificación personal o códigos de acceso en la cartera o en el bolso.

🙶 No imprimas el número de la cartilla de la seguridad social o del permiso de conducir en tus cheques.

🙶 Solicita informes de emergencia en las oficinas de crédito correspondientes (Equifax, Trans Union y Experian) y confecciona un listado de sus números de teléfono gratuitos de atención al cliente en caso de fraude.

Si te han sustraído la cartera, deberás realizar lo siguiente lo antes posible, preferiblemente en un período de veinticuatro a cuarenta y ocho horas:

- 99 Presenta una denuncia en la policía de la zona en la que se ha producido el incidente.
- 99 Cancela todas las tarjetas de crédito que llevabas en la cartera.
- 99 Notifica a tu banco que te han sustraído el talonario de cheques, las tarjetas de crédito y las cartillas de ahorro.
- 99 Ponte en contacto con las oficinas de crédito para que emitan un informe de emergencia.
- 99 Notifica a la policía y a la Jefatura de Tráfico correspondiente la sustracción del carnet de identidad y del permiso de conducir, respectivamente.

El fraude de identidad constituye un problema cada vez más frecuente. Cuando alguien se ha apoderado de tu permiso de conducir o de la cartilla de la Seguridad Social y de algunas tarjetas de crédito, resulta bastante fácil que el delincuente asuma tu identidad para obtener dinero a crédito y realizar compras. Envía una nota a las oficinas de crédito haciendo constar que te han sustraído la cartera, que has presentado una denuncia policial y que si alguien está intentando obtener dinero a crédito o realizar grandes compras utilizando tu nombre, se sirvan ponerse en contacto contigo para proceder a la oportuna verificación. Con estos métodos te resultará más fácil evitar tener que hacerte cargo de las facturas que ha generado el suplantador de tu personalidad.

¿Qué pasaría si participaras en uno de esos programas televisivos de supervivencia y tuvieras que caminar sobre el fuego o dormir en una cama de clavos?

Caminar sobre el fuego es una de las cosas más impresionantes que se pueden ver en algunos programas televisivos nocturnos y en algunos extraños rituales religiosos. El procedimiento es siempre el mismo: un lecho de carbones ardientes por el que andan los «caminafuegos» sin quemarse, como por arte de magia. ¿Cómo lo hacen? ¿Lo puede realizar cualquier persona tan fácilmente como ellos?

Ante todo, existen algunos aspectos acerca de este fenómeno que merecen un comentario especial:

🔸 En primer lugar, los caminafuegos no son auténticos camina «fuegos», sino mejor, camina «carbones». Si hubiera llamas, el truco no daría resultado. El fuego se enciende con la suficiente antelación como para que la madera quede reducida a rescoldos sin llama.

🔸 Asimismo, habrás comprobado que este tipo de espectáculos siempre se realizan de noche. De día, el lecho de carboncillos parecería un lecho de cenizas. Los carbones siempre están cubiertos de una capa de ceniza, pero por la noche, la brillante luminosidad rojiza sigue siendo visible a través de la misma.

🔸 Ningún caminafuegos que se precie correrá al pasar sobre las brasas. Sería indigno. Sin embargo, caminan con presteza. Nunca los verás de pie, inmóviles sobre los carbones encendidos.

🔸 Por último, verás que caminan siempre sobre los rescoldos propiamente dichos, pero jamás, por ejemplo, sobre una placa metálica situada sobre ellos. Si lo hicieran, las quemaduras serían considerables, mientras que caminando directamente sobre los carbones resulta inocuo.

Así pues, ¿qué sucede en realidad? Caminar sobre el fuego consiste en una combinación de escasa conductividad, aislamiento y un breve período de tiempo.

Una brasa de madera es un mal conductor del calor. Está formada por carbono casi puro y es muy ligera. Se necesita un período de tiempo relativamente largo para que el calor se transfiera a la piel. Si el carbón se sustituyera por placas metálicas al rojo vivo, el calor se transferiría casi instantáneamente, con lo cual sufrirías graves quemaduras.

Por otro lado, la ceniza es un excelente aislante. De ahí que los carbones cubiertos de ceniza transfieran su calor aún más lentamente si cabe.

Por otro lado, hay que tener en cuenta que el tiempo de permanencia sobre los rescoldos es muy breve. Aunque el calor de un carbón al rojo vivo se transmite lentamente, lo cierto es que aun así se transmite, y si permanecieras de pie e inmóvil sobre ellos durante algunos segundos, las quemaduras serían graves e inevitables. Al caminar dando pequeños saltitos se reduce el contacto de los pies con las brasas individuales, y al hacerlo muy deprisa, se limita el período de tiempo total de permanencia sobre el lecho de carbones. En consecuencia, los pies nunca se calientan lo suficiente como para quemarse.

Si te piden que camines sobre carbones en algún programa televisivo de supervivencia, asegúrate de que se trata de auténticas brasas, no de llamas. Comprueba también si existe un poco de ceniza. Luego, camina lo más deprisa que puedas de un lado a otro. ¡Conseguirás el ansiado cheque de un millón de dólares en un abrir y cerrar de ojos!

La cama de clavos es aún más simple. A efectos de cálculo, vamos a suponer que mides 1,80 m de estatura y 35 cm de anchura. Esto significa que una cara de tu cuerpo tiene 6.300 cm^2 de superficie. Una típica cama tendrá los clavos separados a una distancia de 2,5 cm o incluso menos. Al echarte en ella, habrá 6.300 puntos de contacto entre la piel y los clavos. Si pesas 74 kg, cada clavo soportara sólo 85 g de peso, es decir, relativamente poco. El globo que se presiona sobre una cama de clavos sin estallar constituye un clásico ejemplo. La presión total se distribuye entre tantos puntos que ninguno de ellos es capaz de hacerlo estallar.

El principal problema con una cama de clavos es tumbarse y levantarse. Si no tienes cuidado, el punto inicial de contacto puede tener un área de escasa superficie soportando un gran peso. Al echarte, procura soportar la mayor parte de tu peso con las manos y los pies en el suelo, apoyando poco a poco el cuerpo sobre los clavos a medida que se incrementa la superficie de contacto. ¡Los vaqueros también ayudan!

El otro problema es la cabeza, que es pesada y redondeada, de manera que sólo unos cuantos clavos están en contacto con ella. Si no te andas con ojo, puedes lastimarte. ¡La mejor solución es una almohada! Pero si en el concurso no te autorizan a utilizarla, utiliza los músculos del cuello para mantener la cabeza elevada.

¿Qué pasaría si fallara el equipo de inmersión?

Un fallo en el equipo de inmersión..., ¡cielos! Aunque todos estamos de acuerdo que sería una terrible experiencia, la verdad es que no suele ser tan complicado como parece. Cuando oyes hablar de un accidente relacionado con el submarinismo, casi siempre está relacionado con un mal funcionamiento del regulador o con un tanque con poco aire. Si te falla el equipo, deberás preocuparte de dos cosas:

- 99 Los pulmones
- 99 La enfermedad del buzo

Los submarinistas de recreo respiran aire comprimido (78 % de nitrógeno y 21 % de oxígeno) o una combinación de nitrógeno-oxígeno enriquecido llamada nitrox (64 a 68 % de nitrógeno, 32 a 36 % de oxígeno). El gas se contiene en un cilindro que se lleva en la espalda. No se puede respirar directamente del tanque —la elevada presión dañaría los pulmones—, sino que el cilindro está provisto de un regulador que cumple dos funciones: reducir la presión del tanque a un nivel seguro para inhalar y suministrar aire a demanda.

Para ello, los reguladores disponen de dos fases:

" Primera fase: La primera fase va adosada al cilindro y reduce la presión del tanque (204 atmósferas) a una presión intermedia (9,5 atmósferas).

" Segunda fase: La segunda fase está conectada a la primera a través de un conducto y reduce la presión intermedia a la presión ambiente del agua (de 1 a 5 atmósferas dependiendo de la profundidad). También suministra aire, ya sea sólo cuando se inhala (operación habitual) o continuamente (operación de emergencia).

Así pues, ¿qué sucedería si el regulador funcionara mal o el aire del tanque se agotara? Lógicamente, cuando deja de haber aire, el primer instinto consiste en dirigirse directo a la superficie. Sin embargo, hay dos cosas que conviene tener en cuenta.

Al ascender, el aire de los pulmones se expande, y para evitar que los pulmones se dilaten demasiado deprisa o excesivamente, debes exhalar durante la subida. Piensa en un globo. Supongamos que llevas un globo hinchado mientras te sumerges a 9 m de profundidad. Cuando llegues a tu destino, el globo se habrá deshinchado casi la mitad a causa de la presión de toda el agua a la que está sometido, y al subir de nuevo a la superficie, recuperará el tamaño original. Imaginemos ahora que desciendes a 9 m con un globo deshinchado y que de algún modo te las ingenias para hincharlo bajo el agua hasta que adquiera su tamaño normal. A continuación, subes de nuevo a la superficie. ¿Qué ocurre? Muy fácil, se dilata hasta más allá de su capacidad y estalla. Lo mismo sucedería con tus pulmones si no exhalaras constantemente. Para evitar que el globo o los pulmones estallen, deberías soltar aire continuamente para evitar que aumentaran excesivamente de tamaño. Si exhalas y asciendes a la misma velocidad que las burbujas, no correrás ningún riesgo.

El otro factor por el que debes preocuparte, dependiendo de la profundidad en la que te halles cuando te quedes sin aire, es la enfermedad del buzo.

El aire que respiramos es una mezcla de nitrógeno (78 %) y oxígeno (21 %). Al inhalarlo, el organismo consume oxígeno y sustituye una parte del mismo por dióxido de carbono, dejando intacto el nitrógeno. A una presión atmosférica normal, una parte de nitrógeno y oxígeno se disuelve en las porciones fluidas de tu sangre y de tus tejidos.

Al sumergirte bajo el agua, aumenta la presión del cuerpo, de manera que en la sangre se disuelve una mayor cantidad de nitrógeno y oxígeno. Los tejidos consumen la mayor parte de oxígeno, pero el nitrógeno permanece disuelto, y ésta es precisamente la causa de la enfermedad del buzo.

Si asciendes rápidamente, el nitrógeno sale expulsado muy deprisa de la sangre, formando burbujas. Es algo parecido a abrir una lata de refresco con gas: oyes el típico hervor del gas sometido a una elevada presión y ves las burbujas emergiendo rápidamente de la solución. Esto es lo que ocurre en la sangre y los tejidos cuando subes demasiado deprisa a la superficie. La enfermedad del buzo, que también se conoce como descompresión, se contrae cuando se forman burbujas de nitrógeno que bloquean los diminutos vasos sanguíneos. Dicha patología puede provocar ataques cardíacos, derrames cerebrales, rotura de vasos sanguíneos en los pulmones y dolores articulares. Uno de los primeros síntomas de la descompresión es una sensación de hormigueo en las extremidades.

La mejor manera de evitar dicha enfermedad consiste en respetar estrictamente las profundidades de no descompresión y tiempos de permanencia que se indican en las tablas de inmersión. Si infringes los límites de no descompresión, deberás permanecer más tiempo bajo el agua. Los períodos de permanencia, que figuran en las tablas de inmersión, varían según las profundidades y facilitan la lenta expulsión del nitrógeno del organismo. Esto plantea problemas, ya que, como habíamos dicho anteriormente, se te habían agotado las reservas de aire. Así pues, ¿qué hacer? Lo único que podrías intentar es salir a la superficie, coger otro tanque y sumergirte inmediatamente hasta una profundidad segura, aunque si estás cerca de la orilla, tal vez puedas disponer de una cámara de descompresión.

7

Dólares y centavos

✳ ¿Qué pasaría si ahorraras 25 centavos cada día de tu vida desde el día en que naciste? • ¿Qué pasaría si ganaras la lotería? • ¿Qué pasaría si te vieras obligado a declararte en quiebra? • ¿Qué pasaría si tuvieras mellizos y desearas enviarlos a una de las ocho universidades más prestigiosas de Estados Unidos (Ivy League)? • ¿Qué pasaría si fueras el presidente de Estados Unidos? ¿Serías la persona mejor pagada del país? • ¿Qué pasaría si hubieras comprado diez acciones de Microsoft cuando empezó a cotizar en bolsa? • ¿Qué pasaría si extendieras un cheque sin fondos?

¿Qué pasaría si ahorraras 25 centavos cada día de tu vida desde el día en que naciste?

Ésta es una pregunta muy interesante, ya que casi cualquiera puede permitirse el lujo de ahorrar 25 centavos diarios. Existen diversas alternativas. La cantidad de ahorros que puedes acumular depende de dos factores principales: la edad y el modo de ahorrar el dinero. Evidentemente, la diferencia sería abrumadora dependiendo de si metieras los centavos en una hucha o los depositaras en un banco o los invirtieras en acciones.

Supongamos que tus padres deciden iniciar este ritual financiero y lo prolongas hasta que cumplas cincuenta años. Un año tiene 365 días, de manera que deberás multiplicar los 25 centavos diarios por 18.250 días. Si te limitas a guardar las monedas en una hucha, tendrías 4.462,50 dólares al término de los cincuenta años.

Desde luego, si lo comparamos con el esfuerzo que has realizado, no parece una cantidad excesiva de dinero. Imaginemos que has caído en la cuenta relativamente pronto, a la edad de ocho años, pero aun así no te gusta asumir riesgos. La entidad de crédito local ofrece un 4,5 % de interés en una cuenta de mercado de dinero con un saldo mínimo de 500 dólares. Dispones de 730 dólares para depositar, y convienes en ingresar una suma de 25 centavos diarios una vez al mes. Lo más atractivo de una cuenta de mercado de dinero es que rinde beneficios mensuales a un interés compuesto.

Cuando depositas tus ahorros en dicha cuenta, dispones de 730 dólares, lo que se denomina capital principal. Al mes siguiente, cuando realices tu depósito mensual, tendrás los 730 dólares iniciales más el interés acumulado durante este mes, además del nuevo ingreso de 7,50 dólares (suponiendo que un mes tenga treinta días). Para calcular cuánto dinero tendrás al término del primer mes puedes utilizar la fórmula siguiente:

Capital principal + (capital principal × interés mensual) + Depósito mensual = Valor futuro

730 + (730 × 0,38 %) + 7,50 = 740,24

Al segundo mes partirás de un capital principal superior, de 740,24 dólares para ser exactos. En consecuencia, transcurridos dos meses, tus ahorros serán de:

740,24 + (740,24 × 0,38 %) + 7,5 = 760,83

Y así continuarías aplicando esta fórmula durante otros 502 meses, pues en 42 años hay 504 meses. Al término de todo el cálculo, es decir, al cumplir cincuenta años, y siempre utilizando la cuenta de mercado de dinero, habrías ahorrado 16.313,23 dólares, o lo que es lo mismo, ¡casi cuatro veces más de lo que tendrías si hubieras guardado el dinero en la hucha!

Si deseas obtener un beneficio aún mayor, puedes invertirlo en el mercado de valores. Considerando las ganancias y pérdidas normales a lo largo de un período de 42 años, podrías esperar un tipo medio de interés del 8 %, y partiendo del mismo método de cálculo anterior, a los cincuenta años podrías haber ahorrado 52.419,09 dólares, ¡una cantidad lo bastante atractiva para un puñado de centavos!

¿Qué pasaría si ganaras la lotería?

En Estados Unidos, treinta y siete estados y el Distrito de Columbia (Washington, D.C.) organizan loterías. Una lotería es un tipo de apuesta gestionado por el estado. La mayoría de los estados disponen de diferentes juegos, incluyendo los de premio instantáneo (rasca y gana), juegos diarios y otros en los que debes seleccionar tres o cuatro números. Pero el que ofrece los premios más suculentos es casi siempre la Lotto, que consiste en acertar los seis números correctos de un conjunto de bolas numeradas del 1 al 50 (en algunas modalidades de juego se utilizan más o menos de cincuenta).

Imaginemos que has conseguido seleccionar los seis números correctos y que ganas un bote de 10 millones de dólares. Así pues, vas a percibir esa cantidad, ¿no es cierto? Pues no. En realidad, es muy probable que acabes cobrando alrededor de 2,5 millones de dólares ¿Adónde se ha ido el dinero restante?

Utilizaremos la Lotto de Nueva York a modo de ejemplo, una de las más importantes y que reparte mayores premios del país. Cuando compras un boleto de la Lotto tienes que elegir entre recibir lo que puedas ganar en una cantidad única o en una serie de pagos anuales. Una vez tomada la decisión, no puedes volverte atrás.

Si optas por los pagos anuales, lo que ganarás será una serie de veintiséis pagos anuales que en total ascenderán a 10 millones de dólares. El primer pago correspondería a un 2,5 % del total, es decir, 250.000 dólares, dos semanas después de haber presentado el boleto afortunado (pero recuerda que de cada cheque se deducirán algunos impuestos). Al año siguiente, recibirías un cheque equivalente al 2,6 %, o sea, 260.000 dólares. Cada año, la cantidad se incrementaría en 1/10 %, hasta llegar al último pago, que sería por una cifra de 500.000 dólares.

Para garantizar la disponibilidad de fondos para hacer frente a todos estos pagos, la Lotería de Nueva York compra unos bonos especiales del tesoro de Estados Unidos llamados STRIPS (Transacción Independiente de Intereses Registrados y Capital de Obligaciones), que también se conocen como «bonos de cupón cero» y que rinden un determinado interés dinerario a su vencimiento. Supongamos que compraste un bono de cupón cero en marzo de 2001 que podría valer 1.000 dólares a los diez años por una cantidad aproximada de 610 dólares. Cuanto más tarde venza el bono, menos te costará a día de hoy. Un bono con vencimiento a veinticinco años por 1.000 dólares sólo te costaría 260 dólares en la actualidad. Si lo calculas, comprobarás que si has invertido los 260 dólares a un tipo de interés del 5,7 %, a los veinticinco años dispondrías de 1.000 dólares.

Cuando un ganador reclama su premio, la Lotería de Nueva York solicita a siete brokers de bonos que coticen un paquete de bonos para satisfacer cada uno de los veinticinco pagos anuales futuros. La Lotería compra los bonos al broker que ofrece el mejor precio por el paquete completo. Los bonos se depositan en un banco de inversiones y cada año, a medida que van venciendo los bonos, se colocan automáticamente en la cuenta de caja de la Lotería de Nueva York. Los bonos se transfieren a la cuenta de pago de premios, librándose un cheque al ganador. En términos generales, el paquete global de veinticinco bonos cuesta a la Lotería de Nueva York algo menos de la mitad de la cantidad correspondiente al premio.

Sin embargo, la mayoría de los ganadores no optan por pagos anuales, sino que alrededor del 80 % de ellos prefieren percibir la suma total del premio, que suele ser aproximadamente la mitad de la cantidad total del bote. Dado que, en cualquier caso, la Lotería de Nueva York tiene que pagar igualmente la suma del premio para comprar bonos, no tiene el menor problema en abonar esa misma cantidad al afortunado. También en este caso, la Lotería sigue el mismo proceso de solicitud de cotizaciones para los bonos, pero en lugar de comprarlos, satisface al ganador la cantidad equivalente a su coste.

Con todo, los cálculos de las ganancias no terminan aquí. La mayoría de las loterías de Estados Unidos retienen un 28 % del premio en concepto de impuestos federales. No obstante, si el premio a percibir fuera de varios millones de dólares, se aplicaría un 39,6 % (el tipo impositivo más elevado). Añádele los impuestos estatales y locales y podrías quedarte con sólo la mitad de las ganancias iniciales.

Si has elegido el pago de la suma total de 10 millones de dólares, el premio sería de 5 millones, los cuales, una vez descontados los impuestos federales y estatales, quedarían reducidos a alrededor de 2,5 millones.

¿Qué pasaría si te vieras obligado a declararte en quiebra?

Cuando la mayoría de la gente piensa en una persona que se ha declarado en quiebra, imagina a alguien con los bolsillos vacíos y colgando fuera de los pantalones o quizá metido dentro de un barril y con los brazos extendidos hacia arriba en señal de desesperación. Sobre su cabeza, un bocadillo en el que se puede leer: «¡Lo he perdido todo, incluso mi último penique!». Aunque siempre se puede hacer gala de una exuberante imaginación, lo cierto es que eso no es lo que ocurre exactamente. La gravedad de la situación de una persona depende del tipo de quiebra que haya declarado. En la mayoría de los casos, no te embargan todas tus pertenencias ni te ves obligado a confiar en la generosidad de tus amigos o familiares para que te permitan alojarte en su casa.

El Título 11 del Código Federal de Quiebra de Estados Unidos, por citar un ejemplo, define cuatro tipos diferentes de quiebra:

- Capítulo 7: Liquidación
- Capítulo 11: Reorganización
- Capítulo 12: Ajuste de deudas de un núcleo familiar agrícola con ingresos regulares anuales
- Capítulo 13: Ajuste de deudas de una persona física individual con ingresos regulares

La presentación de uno u otro tipo de quiebra suele depender de la situación financiera del individuo, y dado que las empresas, los matrimonios y las personas físicas individuales están facultados para presentar la del capítulo 7, es ésta la más común.

Un deudor que presente la quiebra del capítulo 7 es objeto de un embargo total, teniendo que empezar desde cero. Básicamente, una vez instado el procedimiento de quiebra, se designa a un administrador o fideicomisario para que se encargue de la venta de los activos del deudor. Esto no quiere decir necesariamente que todas sus pertenencias se vayan a vender. Tanto las leyes federales como las estatales establecen ciertas exenciones, que permiten al deudor conservar, en determinados casos, una parte de su propiedad, como por ejemplo su residencia principal o los objetos personales tales como las prendas de vestir. Una vez liquidados los activos, el fideicomisario paga a ciertos acreedores una parte del dinero recaudado. Como es natural, no todos los acreedores reciben dinero de la venta, ya que muchas de las obligaciones financieras se condonan. Cuando alguien ha presentado una declaración de quiebra con arreglo al capítulo 7, no puede hacerlo de nuevo en los próximos siete años, y las deudas que no fueron condonadas en una quiebra anterior no pueden serlo en una declaración posterior.

Es importante resaltar que algunas deudas nunca se condonan. Las pensiones alimenticias, las pensiones de alimentos para los niños y los préstamos para estudiantes casi nunca se condonan bajo ningún tipo de declaración de quiebra. De manera que si la mayoría de tus deudas pertenecen a estas categorías, sería preferible optar por la declaración del capítulo 13.

El capítulo 12 y el capítulo 13 son esencialmente idénticos, con la única salvedad de que la del primero está destinada a núcleos familiares agrícolas y que la segunda es específica para otras personas físicas individuales. Siempre que tengas unos ingresos estables y fiables, menos de 269.250 dólares en deuda no asegurada (de tarjetas de crédito, etc.) y menos de 807.750 dólares en deuda asegurada (hipoteca, préstamo personal, etc.), puedes declararte en quiebra a tenor de lo estipulado en el capítulo 13. Una vez instada la quiebra, se asigna un fideicomisario al deudor. Ambos deben desarrollar una propuesta de plan de repago, y es el juzgado el que decide si dicho plan es aceptable, si conviene modificarlo o si es preferible elaborar un nuevo plan de repago. Una vez adoptado el plan, puede durar de 3 a 5 años.

Tal vez te preguntes por qué alguien debería optar por la declaración de quiebra del capítulo 12 o 13 en lugar de la del capítulo 7. Los motivos son los siguientes:

> En las quiebras de los capítulos 12 y 13, los deudores no tienen que liquidar sus activos, sino que en realidad lo conservan todo, no sólo las pertenencias que reúnen los requisitos de la exención legal.

> En la mayoría de los casos de declaración de quiebra de los capítulos 12 y 13, el deudor sólo satisface un porcentaje de lo que realmente debe, ¡algo así como 30-50 centavos por dólar!

La declaración de quiebra del capítulo 11 es de la que oirás hablar con más frecuencia en las noticias. Destinada originariamente a las grandes empresas, en la actualidad las personas físicas también pueden presentarla. La quiebra del capítulo 11 es muy similar a la del capítulo 13. La principal diferencia consiste en que carece de límite respecto a la cantidad de dinero que debe el deudor.

Declararse en quiebra no es algo que haya que tomarse a la ligera, pues afecta a tu clasificación de crédito durante muchos años. Antes de tomar la decisión de presentarla es aconsejable consultar con un planificador financiero y/o un asesor legal.

¿Qué pasaría si tuvieras mellizos y desearas enviarlos a una de las ocho universidades más prestigiosas de Estados Unidos (Ivy League)?

Muchísimas personas que cursan sus estudios en la universidad hoy en día dependen de una combinación de recursos financieros para cubrir los gastos académicos y de manutención, tales como:

❞ Becas académicas
❞ Becas deportivas
❞ Ayudas económicas
❞ Préstamos para estudiantes

Pero ¿qué ocurre si deseas enviar a tus hijos a la universidad única y exclusivamente con tus propios recursos económicos? Cabe la posibilidad de que a tenor de tu nivel de ingresos no puedan ser candidatos a una ayuda económica o tal vez no quieras que se preocupen de competir por la consecución de una beca o que queden sujetos a la devolución de ingentes préstamos durante varios años después de haberse graduado. ¿Cuánto dinero tendrías que ahorrar?

Supongamos que los mellizos tienen tres años. Esto te concede un margen de quince años para ahorrar dinero para las tasas académicas y los gastos de manutención en la universidad. Has decidido llevar a tu hijo a Cornell, tu alma mater, y a tu hija a Columbia, como tu cónyuge. Actualmente, el coste de un curso académico para un estudiante que viva en el campus a pensión completa, incluyendo habitación y demás gastos, asciende a casi 35.000 dólares en Cornell y a un poco más de 35.000 dólares en Columbia. Ni que decir tiene que tanto la enseñanza como los gastos habrán aumentado dentro de quince años. Para proyectar los costes anticipados, aplícale un tipo de interés anual del 6 %. Como verás, vas a necesitar aproximadamente 340.000 dólares para cubrir el coste de una carrera de cuatro años en Columbia y de alrededor de 334.000 dólares en Cornell, lo que hace un total de 674.000 dólares. Dispones de quince años para amasar esta suma. ¿Cuánto dinero deberás invertir cada mes?

Decides ingresar el dinero en alguna cuenta que te permita recuperarlo en caso de emergencia. La entidad de crédito local te ofrece una cuenta de mercado de dinero con un 5 % de interés. Utilizando una simple calculadora de interés compuesto, como la que puedes encontrar en nuestra página web: www.howstuffworks.com/interestcal.htm, descubrirás que necesitas ahorrar entre 2.325 y 2.350 dólares mensuales para permitirte el lujo de que tus hijos estudien en las universidades de la Ivy League, las ocho más prestigiosas de Estados Unidos. Se trata desde luego de una cifra considerable, ¡sobre todo teniendo en cuenta la cantidad de dinero que deberás gastar a diario para criar a tus hijos!

En lugar de las universidades de la Ivy League, tal vez prefieras considerar la posibilidad de matricularlos en un centro público, lo cual reduciría tus gastos anticipados a 105.000 dólares por mellizo, lo que equivale a unos abonos mensuales en la cuenta de ahorro de 725 dólares, una suma muchísimo más razonable.

¿Qué pasaría si fueras el presidente de Estados Unidos? ¿Serías la persona mejor pagada del país?

¡La respuesta a esta pregunta es radicalmente no! Desde 1969 hasta hace algunos años, el presidente de Estados Unidos percibía una cantidad de 200.000 dólares anuales. En 1969 esto se consideraba un salario excepcionalmente bueno —cuatro veces y media más que un miembro del Congreso—. Pero en 1999, el presidente seguía percibiendo los mismos 200.000 dólares, mientras que el salario de los congresistas se había incrementado de 42.500 dólares a 136.700 dólares.

Evidentemente, había que revisar el salario presidencial. En 1999 los proponentes de un incremento salarial defendieron sus argumentos sugiriendo que en el caso de que se hubieran aplicado los aumentos de la inflación desde el último ajuste en 1969, el presidente estaría percibiendo más de 900.000 dólares. No fue ésta la cantidad aprobada, sino la del doble del salario anterior. En efecto, el presidente George W. Bush percibe 400.000 dólares anuales, aunque su salario ni siquiera se aproxima al de algunos altos ejecutivos.

Actualmente, más de quinientos jefes ejecutivos de compañías norteamericanas tienen salarios anuales de un millón de dólares o más. Según la revista *Forbes*, los salarios de los cinco jefes ejecutivos mejor pagados del país son los siguientes:

Dell Computer	Michael Dell	casi 236 millones de dólares
Citigroup	Sanford Weill	casi 216 millones de dólares
AOL Time Warner	Gerald Levin	casi 165 millones de dólares
Cisco Systems	John Chambers	alrededor de 157,5 millones de dólares
Cendant	Henry Silverman	alrededor de 137,5 millones de dólares

Aunque el salario presidencial no se puede comparar con el de estos mogoles de la industria, es superior al de la mayoría de los norteamericanos. A continuación se incluye una lista de salarios que, según la revista *BusinessWeek*, representan la media nacional para cada tipo de empleo en el año 2000:

Contable	45.660 dólares
Auxiliar administrativo	35.830 dólares
Introductor de datos al ordenador	20.690 dólares
Programador informático	49.900 dólares
Recepcionista	20.910 dólares
Camionero	21.440 dólares

Asimismo, según el World Almanac, los ingresos familiares medios en Estados Unidos eran en 1998 de 46.737 dólares. El 13 % de todas las familias percibieron 100.000 dólares o más, mientras que en el extremo opuesto, el 10 % ni siquiera alcanzó la cifra de 16.661 dólares, es decir, la cantidad que necesita una familia para superar el límite oficial de pobreza.

¿Qué pasaría si hubieras comprado diez acciones de Microsoft cuando empezó a cotizar en bolsa?

Esta megaempresa empezó a cotizar en bolsa en marzo de 1986. En aquella época, el precio de oferta por acción era de 21 dólares. De haber sido lo bastante afortunado como para comprar diez, ¡hoy en día tu inversión de sólo 210 dólares tendría un valor de más de 99.500 dólares! ¿Cómo es posible que en dieciséis años 210 dólares se hayan convertido en 99.500? Para comprenderlo, veamos primero cómo funcionan las acciones.

Supongamos que quieres abrir un negocio, más concretamente un restaurante. Tienes 500.000 dólares, lo suficiente para comprar el local y el equipo. Al término del primer año, habrá ocurrido lo siguiente:

❞ Has gastado 250.000 dólares en suministros, alimentos y el salario de los empleados.

❞ Después de sumar todo el dinero que has percibido de los clientes, los ingresos totales ascienden a 300.000 dólares.

Dado que has ganado 300.000 dólares y pagado 250.000 en concepto de gastos, tu beneficio neto es el siguiente:

300.000 dólares (ingresos) – 250.000 dólares (gastos) = 50.000 dólares (beneficio)

Al finalizar el segundo año has ingresado 325.000 dólares, mientras que los gastos no se han modificado, obteniendo así un beneficio neto de 75.000 dólares. Llegados a este punto, decides vender el negocio. ¿Cuánto vale?

Una forma de verlo consiste en asignarle un valor de 500.000 dólares. En efecto, si cierras el restaurante puedes vender el local, el equipo y los demás enseres y obtener 500.000 dólares. Éste es el valor del activo, o valor contable, del negocio, es decir, el valor de todos los activos de la empresa si la vendieras hoy mismo.

Sin embargo, si mantienes abierto el restaurante, es probable que este año obtengas un beneficio neto mínimo de 75.000 dólares; lo sabes por el historial operativo del negocio. En consecuencia, puedes pensar en él como una inversión que te rendirá un beneficio aproximado de 75.000 dólares anuales. Bajo este punto de vista, alguien podría estar dispuesto a pagar 1.500.000 dólares por el restaurante y la perspectiva de ingresar 75.000 dólares cada año, lo que resultaría una inversión bastante buena, ya que representa una tasa de rentabilidad del 5 %:

ingresos por intereses + capital invertido = tasa de rentabilidad
75.000 : 1.500.000 = 0,05 o 5 %

¿Qué sucedería si, en lugar de un solo comprador, diez personas te dijeran: «¡Vaya! Me gustaría comprar tu restaurante, pero no tengo 1.500.000 dólares». En tal caso, podrías dividir dicha suma en diez partes iguales y vender cada parte por 150.000 dólares. Dicho en otras palabras, podrías vender participaciones o acciones del restaurante. Entonces, cada persona que comprara una acción recibiría una décima parte de los beneficios al término de cada ejercicio y dispondría de un voto en la toma de decisiones relacionadas con el negocio. Asimismo, podrías dividir la propiedad en 3.000 acciones, reservarte 1.500 y vender las restantes por 500 dólares cada una. De este modo, conservarías una mayoría de las acciones, y por consiguiente de votos, y seguirías controlando el restaurante al tiempo que compartes el beneficio con otros socios. Entretanto, cuando vendes las 1.500 acciones, depositas en el banco el capital equivalente (750.000 dólares).

Básicamente, las acciones son así de simples. Representan la propiedad de los activos y beneficios de una empresa. Un dividendo sobre una acción representa esa porción de los beneficios de la compañía, que suelen devengarse trimestral o anualmente.

Cualquier empresa que desee vender acciones a diversas personas debe constituirse en sociedad. Por definición, una sociedad tiene su capital dividido en acciones que se pueden comprar y vender, y todos los socios poseen acciones que representan su propiedad. La compañía puede gestionarse privada o públicamente. En una empresa gestionada privadamente, las acciones están en manos de un reducido número de personas que casi siempre se conocen, comprando y vendiendo sus acciones entre sí, mientras que una compañía gestionada públicamente es propiedad de miles de individuos que efectúan transacciones con sus acciones en una bolsa de valores.

Cuando una sociedad vende por primera vez sus acciones al público, realiza una oferta pública inicial (OPI), que es exactamente lo que su nombre indica, es decir, la primera vez que el público en general tiene la oportunidad de adquirir acciones de una empresa, habitualmente a un precio reducido. La compañía podría poner a la venta un millón de acciones a 20 dólares cada una para recaudar 20 millones de dólares de una forma muy rápida. A decir verdad, la sociedad no obtendrá 20 millones de dólares, ya que la OPI está administrada por un broker, el cual deduce unos honorarios de la venta. Luego, la sociedad invierte el dinero recaudado de la OPI en equipo y empleados. Los inversores —los accionistas que compraron los 20 millones de dólares en acciones— tienen la esperanza de que con el nuevo equipo y el nuevo personal la empresa rinda beneficios y pague un dividendo (una distribución de ganancias entre los inversores).

Cuando tradicionalmente una sociedad distribuye entre sus accionistas la mayor parte de sus beneficios, las acciones se denominan «acciones de ingreso», puesto que aquéllos obtienen un ingreso a costa de los beneficios de la sociedad, mientras que si la empresa reinvierte la mayor parte del dinero en el negocio, se denominan «acciones de crecimiento», en cuyo caso la compañía intenta crecer, desarrollarse e incrementar su valor para los accionistas.

El precio de una acción de ingreso suele mantenerse relativamente constante, es decir, que de año en año el precio de la acción tiende a ser el mismo, a menos que los beneficios, y en consecuencia los dividendos, aumenten o disminuyan.

Los tenedores de acciones de crecimiento no suelen percibir un dividendo anual, pero son propietarios de una compañía cuyo valor va en aumento. De ahí que los accionistas puedan obtener una mayor cantidad de dinero al vender sus acciones, pues los compradores de las acciones tienen la posibilidad de comprobar el creciente valor contable de la firma y el creciente beneficio que está obteniendo, y a partir de estos factores, podrían pagar un precio más elevado por las acciones.

A veces, las acciones de una sociedad aumentan tanto de valor que ésta o el propio mercado de valores decide que su valoración es demasiado elevada para el inversor medio. Cuando esto ocurre, la acciones se «fraccionan». Un fraccionamiento puede ser de 2 a 1, 3 a 1, 4 a 1 o superior. Supongamos que tienes una acción en una sociedad y que está valorada en 120 dólares. La sociedad anuncia un fraccionamiento de 4 a 1, lo que significa que ahora dispones de cuatro acciones en lugar de una y que cada una de ellas está valorada en 30 dólares. Si la compañía continúa aumentado de valor, las acciones podrían ascender de nuevo hasta 120 dólares y volver a fraccionarse. En tal caso tendrías dieciséis acciones (cuatro acciones cada una de las cuales se ha fraccionado en otras cuatro) con un valor de 30 dólares la unidad; todo ello habiendo comprado una única acción.

La OPI de Microsoft tuvo lugar en marzo de 1986 y las acciones se han fraccionado ocho veces desde aquella fecha. Como resultado, tus diez acciones originales se habrían convertido actualmente en 1.440 acciones, de tal modo que el rendimiento total de la inversión desde la OPI sería del 47,317 %.

¿Qué pasaría si extendieras un cheque sin fondos?

Independientemente de cuáles sean las circunstancias —tanto si lo has hecho intencionadamente o a raíz de un error de cálculo—, las consecuencias pueden ser bastante costosas. Aunque los honorarios pueden variar un poco, los procedimientos para hacer frente a un cheque sin fondos son casi idénticos en la mayoría de los bancos y entidades de crédito.

Supongamos que vas a unos grandes almacenes para realizar una compra, extiendes un cheque por 75 dólares, coges la bolsa y te vas. Pero fruto de un error de cálculo, resulta que el cheque no tiene fondos. Alrededor de una semana más tarde recibes un mensaje del banco donde se indica que tu cuenta está en números rojos. Creyendo que se trata de una simple confusión, no devuelves la llamada. Transcurrida otra semana, recibes una llamada de una agencia recaudadora, que te notifica que les debes 125 dólares. Ese mismo día, recibes un extracto bancario con una carta en la que te confirman que tu cuenta está en números rojos por una cantidad de 13 dólares, y que debes efectuar un depósito inmediato para cubrirla. Veamos lo que ha sucedido:

1. Extendiste el cheque.
2. Los almacenes lo presentaron a cobro con su depósito diario.
3. El cheque carecía de fondos y fue devuelto a los almacenes.
4. Tu banco cargó unos honorarios de 29 dólares en tu cuenta en concepto de cheque sin fondos.
5. Los almacenes recibieron de nuevo el cheque y volvieron a presentarlo junto con otro depósito.
6. El cheque volvió a carecer de fondos y fue devuelto de nuevo a los almacenes.
7. Tu banco cargó otros 29 dólares en tu cuenta en concepto de honorarios por un cheque sin fondos.
8. Los almacenes lo comunicaron a su agencia recaudadora.

Las personas jurídicas (empresas) y las personas físicas que han recibido un cheque sin fondos en concepto de pago tienen hasta tres oportunidades para reclamar el dinero presentándolo al banco. No obstante, la mayoría de las compañías sólo lo hacen una vez, confiando en que la agencia recaudadora conseguirá materializar su importe. Para cubrir los servicios de la agencia, las empresas cargan sus propios honorarios de tramitación de cheques sin fondos, que habitualmente oscilan entre 20 y 25 dólares. Dado que el cheque fue presentado dos veces al banco, no sólo recibes un cargo de 29 dólares del banco en sendas ocasiones, sino que además, los almacenes te cargan sus 25 dólares de costumbre en concepto de honorarios por la doble devolución del cheque. Así pues, tu pago inicial de 75 dólares te acaba costando 183 dólares, es decir, 108 dólares adicionales.

Imaginemos que dos o tres transacciones no registradas en tu talonario han provocado el descubierto. En tal caso, todos los honorarios extra derivados de la tramitación del cheque sin fondos y de sus devoluciones pueden tener un efecto dominó, hasta el punto de que podrías encontrarte con un descubierto de varios cientos de dólares en un breve plazo de tiempo.

No es infrecuente pensar: «¿Ah, sí? ¡Ahora van a ver! Dejaré de usar esta cuenta sin cubrir el descubierto y abriré otra nueva en otra entidad». Una decisión muy desafortunada. Los bancos no caen en la trampa tan fácilmente. Cuando existen evidencias de que no vas a pagar, lo notifican a la oficina de crédito a través de una agencia como Equifax o Check Systems, en cuyo caso, tu morosidad queda registrada en tu informe de crédito, donde permanecerá durante siete años. Durante este tiempo, te resultará prácticamente imposible abrir una cuenta en otro banco. Asimismo, la mayoría de las entidades bancarias no suelen poner la otra mejilla, y aun en el caso de que al final regreses para satisfacer tu deuda, es muy probable que ese banco no esté dispuesto a reabrir la cuenta.

Este panorama se puede evitar. Hoy en día, muchos bancos y entidades de crédito ofrecen lo que se conoce como «protección de descubiertos». Existen dos tipos entre los que elegir:

- 99 El descubierto se puede cubrir transfiriendo dinero de una cuenta anexa, como por ejemplo una cuenta de ahorro.
- 99 A falta de otra cuenta o de una cuenta de ahorro, el descubierto se puede cubrir mediante una línea de crédito, que es como solicitar un préstamo que puedes o no necesitar. En este caso, solicitarías el

préstamo a través del programa de protección de descubiertos, y de aprobarse, el dinero estaría disponible cuando fuera necesario.

En general, el precio de este tipo de protección suele ser mínimo. A veces, incluso es gratuito.

8

Infringiendo las reglas

✳ ¿Qué pasaría si hicieras crujir constantemente los nudillos? • ¿Qué pasaría si miraras directamente al sol durante un eclipse? • ¿Qué pasaría si cruzaras los ojos durante diez minutos? ¿Se quedarían así para siempre? • ¿Qué pasaría si te zambulleras en el agua para nadar inmediatamente después de haber tomado un gran almuerzo? • ¿Qué pasaría si tocaras hielo seco? • ¿Qué pasaría si ingirieras el contenido de la bolsita marcada con «no ingerir» que se puede encontrar en las cajas de zapatos, frascos de vitaminas, etc.? • ¿Qué pasaría si metieras papel de aluminio en el microondas? • ¿Qué pasaría si arrancaras la etiqueta del colchón? • ¿Qué pasaría si no presentaras y pagaras el impuesto sobre la renta? • ¿Qué pasaría si dejaras de pagar tus facturas? • ¿Qué pasaría si metieras el dedo en una toma de corriente eléctrica? • ¿Qué pasaría si efectuaras un disparo al televisor con un arma de fuego?

¿Qué pasaría si hicieras crujir constantemente los nudillos?

Si alguna vez has entrelazado los dedos, has tirado de la palma de las manos y has doblado los dedos hacia atrás, habrás oído un chasquido muy característico. Son los nudillos. ¿Qué pasaría si los hicieras crujir constantemente? ¿Desgastaría las articulaciones? ¿Provocaría artritis?

En primer lugar, tienes que saber lo que sucede en el interior de las articulaciones cuando haces crujir los nudillos. Las articulaciones producen ese «crac» cuando estallan las burbujas que se forman en el fluido que las rodea. Las articulaciones son los puntos de contacto de dos huesos, que se mantienen unidas y en su sitio gracias a los tejidos y ligamentos. Todas las articulaciones del cuerpo están rodeadas de «líquido sinovial», un fluido espeso y transparente. Al estirar o doblar un dedo para hacer crujir el nudillo, la articulación se separa, y al hacerlo, la cápsula de tejido conjuntivo que rodea la articulación se dilata, aumentando de volumen y disminuyendo la presión, con lo cual se forman burbujas a través de un proceso llamado «cavitación». Cuando la articulación se estira lo suficiente, la presión en la cápsula se reduce tanto que las burbujas estallan, produciendo el «crac» que asociamos con el chasquido de los dedos.

El gas tarda entre cinco y diez minutos en redisolverse en el líquido sinovial, período durante el cual los nudillos no crujen. Una vez redisuelto, se puede repetir la cavitación, con lo cual puedes volver a hacer crujir los nudillos.

¿Produce algún perjuicio la cavitación? Según la Cooperativa de Instructores de Anatomía y Fisiología de Estados Unidos, sólo se ha publicado un estudio en profundidad acerca de esta cuestión. Dicho estudio, realizado por Raymond Brodeur y publicado en el *Journal of Manipulative and Physiological Therapeutics*, examinaba trescientas personas que solían hacer crujir sus nudillos en busca de posibles lesiones en las articulaciones. Veamos cuál fue el resultado. En términos generales, si el chasquido es muy frecuente, puede provocar algún daño, aunque no parece mediar ninguna relación entre el crujido articular y la artritis. Sin embargo, los «chasqueadores» habituales mostraban signos de otros tipos de lesión, incluyendo daños en los tejidos blandos de la cápsula articular, una reducción en la fuerza de sujeción y un incremento de la hinchazón en las manos. Este daño es probable que sea una consecuencia del estiramiento rápido y reiterado de los ligamentos que rodean las articulaciones. Los *pitchers* de béisbol profesionales experimentan unos efectos similares, aunque lógicamente más acusados, en las diversas articulaciones del brazo de lanzamiento.

Si lo contemplamos desde una perspectiva positiva, la movilidad después del chasquido aumenta. Al manipularse las articulaciones, los músculos que las rodean se dilatan. Ésta es en parte la razón por la que los pacientes se sienten relajados y revigorizados después de una sesión de quiropraxia, durante la cual se induce la cavitación como parte del tratamiento. Por lo demás, las rodillas, los codos, las muñecas y cualquier otra articulación móvil pueden chasquear igual que los nudillos.

¿Qué pasaría si miraras directamente al sol durante un eclipse?

Probablemente habrás oído que mirar al sol es perjudicial para los ojos, y el motivo por el que lo has oído es que quienes miran al sol pueden quedar ciegos. Veamos por qué. De niño, tal vez realizaras un experimento que consistía en prender fuego a una hoja de papel utilizando los rayos solares y una lupa. La luz del sol es tan potente que si la concentras con una lente de aumento, puedes provocar un incendio.

Pues bien, en el ojo tienes una lente. Si miras al sol, dicha lente concentra un punto de luz solar en la retina y la quema. En efecto, la luz es tan intensa que mata las células de la retina.

Lo que sucede con los eclipses solares es que son fenómenos extremadamente raros. Sin ir más lejos, en Estados Unidos, los ciudadanos deberán esperar hasta el año 2017 para poder contemplar el próximo eclipse de sol (será un eclipse total desde la costa oeste de Oregón hasta la costa este de Carolina del Sur). Dado que se producen muy de vez en cuando, todo el mundo desea verlos, y la gente se siente tentada a hacer lo que saben que no deberían, pensando que unos pocos segundos de observación no les causará perjuicio alguno. Y habitualmente están convencidos de ello, ya que una quemadura en la retina no está asociada a un dolor inmediato, sino que en general transcurren varias horas antes de que se manifiesten los síntomas. Para entonces, el daño es irremediable.

¿Qué pasaría si cruzaras los ojos durante diez minutos? ¿Se quedarían así para siempre?

«¡No cruces los ojos! ¡Te quedarán así!» Esto es algo que la mayoría de nosotros hemos oído decir a nuestra madre alguna que otra vez. Pero ¿pueden realmente quedarse bizcos? Veamos cómo funcionan los ojos.

Los globos oculares están controlados por seis músculos. Cuando miras hacia arriba, hacia abajo, a la izquierda o a la derecha, los músculos conectados a los globos oculares propician dicho movimiento. Al cruzar los ojos, simplemente estás diciendo a tus músculos que se muevan ambos hacia el interior, que es lo mismo que sucede cuando miras un objeto que está muy próximo a tu rostro.

Así pues, ¿acaso las advertencias maternas eran una artimaña y puedes dejar de atormentar de una vez por todas a tu hermano menor con la misma cantinela? La respuesta a esta pregunta es sí. Si bien es cierto que cruzar los ojos durante un prolongado período de tiempo podría causar una sobrecarga temporal en los músculos de los ojos, no existe ninguna evidencia médica que demuestre la posibilidad de que éstos se queden bizcos. Es probable que sufras espasmos oculares y que sientas los ojos un poco cansados, pero suelen volver a la normalidad en una hora poco más o menos.

¿Qué pasaría si te zambulleras en el agua para nadar inmediatamente después de haber tomado un gran almuerzo?

El picnic familiar al lago o a la playa suele propiciar esta situación. Acabas de zamparte una enorme hamburguesa con queso y a continuación no has podido resistirte a un perrito caliente con un poco de ensalada de patatas. Hace calor, y el agua fresca y cristalina ejerce en ti una poderosa atracción. En realidad, «No vayas a nadar antes de que haya transcurrido una hora desde la comida» sería un buen consejo. Si te zambulles inmediatamente después de una copiosa comida, podrías sufrir calambres y correr el riesgo de morir ahogado.

¿Por qué? Como es bien sabido, el cuerpo siempre controla sus necesidades de energía, y en este sentido, las necesidades conflictivas pueden causar problemas. Cuando acabas de comer, los alimentos se hallan en plena digestión en el estómago, y durante la misma, los músculos estomacales realizan una increíble cantidad de trabajo, necesitando un extraordinario aporte sanguíneo. De repente, decides ir a nadar. Los músculos de los brazos y las piernas también están trabajando arduamente, y en consecuencia también necesitan mucha sangre. Por desgracia, el manejo de dos tareas tan pesadas como éstas es más de lo que el organismo puede soportar. No hay la suficiente sangre ni oxígeno para acomodar las dos cargas de trabajo, con lo cual, los músculos empiezan a sufrir calambres.

En tierra firme, los calambres musculares no son nada del otro mundo; simplemente incomodan. En este caso, basta dejar de hacer lo que estabas haciendo hasta que se pasan. Pero en el agua son otra historia. Si son muy fuertes, serás incapaz de mantenerte a flote.

Por consiguiente, si concedes a tu organismo el tiempo suficiente —alrededor de una hora— para digerir los alimentos y aliviar la carga de trabajo del estómago, reducirás el riesgo de calambres.

¿Qué pasaría si tocaras hielo seco?

El hielo seco es dióxido de carbono congelado y una de sus principales características consiste en la sublimación, es decir, que al fundirse se transforma inmediatamente en dióxido de carbono gas en lugar de líquido.

Si alguna vez tienes que manipular hielo seco, debes utilizar unos guantes gruesos, ya que la temperatura en la superficie de los bloques es de −43 °C y puede dañar fácilmente tu piel si lo tocas directamente.

En realidad, es parecido a lo que ocurriría si tocaras el asa caliente de una sartén sin el clásico guante para el horno. Si lo hicieras durante menos de un segundo, es decir, lo suficiente para advertir el calor, y retiraras inmediatamente la mano, lo peor que podría suceder sería que se te enrojeciera. Pero si la sujetaras durante un par de segundos o más, la quemadura sería inevitable, ya que el calor mata las células de la piel.

Lo mismo ocurre con el hielo seco, que congela las células de la piel cuando lo tocas. La lesión resultante es muy similar a una quemadura y debe recibir la misma atención médica. Por la misma razón, nunca debes probar o ingerir hielo seco. Sería como beber algo que está hirviendo y correrías el riesgo de dañar la boca, la garganta y parte del esófago.

¿Qué pasaría si ingirieras el contenido de la bolsita marcada con «no ingerir» que se puede encontrar en las cajas de zapatos, frascos de vitaminas, etc.?

Lo que estarías consumiendo sería probablemente gel de sílice o algún otro «desecante», es decir, algo que absorbe y conserva el vapor de agua. Estas pequeñas bolsitas se encuentran en toda clase de productos y contribuyen al mantenimiento de su calidad.

Durante el transporte, un producto puede estar sometido a todo tipo de condiciones atmosféricas y cambios de temperatura. El incremento de la humedad puede echarlo a perder o dañarlo permanentemente. Por ejemplo, si un frasco de vitaminas contiene un poco de humedad en forma de vapor y se enfría rápidamente, dicha humedad, al condensarse, deterioraría las píldoras. Así pues, encontrarás pequeñas bolsitas de gel de sílice en todo cuanto pueda verse afectado por un exceso de humedad o condensación.

El gel de sílice absorbe un 40 % de su peso en humedad y puede mantener la humedad relativa en un recipiente cerrado a un nivel aproximado del 40 %. Una vez saturado, puedes eliminar la humedad y reutilizar el gel calentándolo a una temperatura superior a 148,8 °C.

El gel de sílice es prácticamente inocuo; de ahí que acompañe a innumerables productos alimenticios. El sílice, que en realidad es dióxido de silicio (SiO_2), es el mismo material que está presente en el cuarzo. En forma de gel contiene millones de poros diminutos capaces de absorber y conservar la humedad. Es esencialmente arena porosa.

Aunque el contenido de una bolsita de gel de sílice es básicamente inocuo, consumir sus cristales constituiría una experiencia bastante desagradable. La única función de estos minúsculos desecantes es absorber la humedad. Si vaciaras una bolsita de esta sustancia en la boca, la humedad desaparecería rápidamente de los laterales de la misma y del paladar, así como también de las encías y la lengua, dando un nuevo y preciso significado a la frase «tener la boca seca». En el caso de ingerir el gel, lo cual es improbable, ya que casi con toda seguridad lo escupirías de inmediato, podrías sufrir los siguientes efectos:

- **"** Sequedad de ojos
- **"** Una sensación de irritación y sequedad en la garganta
- **"** Sequedad en las membranas mucosas y la cavidad nasal
- **"** Trastornos o malestar estomacal.

Una cuestión de teoría...

¿Cuántas bolsitas de gel de sílice se necesitarían para absorber toda el agua del organismo? Tomemos como ejemplo un hombre de 77 kg de peso. Sabemos que el 70 % del cuerpo humano está compuesto de agua. Por lo tanto, el 70 % de 77 kg es 54 kg de agua. También sabemos que el gel de sílice puede absorber un 40 % de su peso en humedad, de manera que serían necesarios 3,7 kg de gel para absorber 1,50 kg de agua.

Así pues, se necesitarían 136 kg de gel de sílice para absorber 54 kg de agua, y dado que una bolsita de gel pesa 2,8 g, esto significa que un hombre de 77 kg de peso tendría que consumir 58.800 bolsitas de gel.

¿Qué pasaría si metieras papel de aluminio en el microondas?

El horno microondas es uno de los grandes inventos del siglo XX; los encontrarás en millones de hogares y oficinas de todo el mundo. En un momento u otro, alguien nos ha dicho que no utilicemos productos metálicos, en especial el papel de aluminio, al cocinar en un microondas. Tales advertencias suelen ir acompañadas de historias de increíbles explosiones e incendios. ¿Por qué? Echemos un vistazo al funcionamiento de un horno microondas para descubrirlo.

Por asombroso que pueda parecer este tipo de hornos, su tecnología es relativamente simple. Utilizan microondas para calentar los alimentos. Las microondas son ondas de radio. En el caso de estos hornos, la frecuencia de la onda de radio que se utiliza más a menudo es aproximadamente de 2.500 megaherzios (2,5 gigaherzios). En esta frecuencia, las ondas de radio tienen una propiedad muy interesante: el agua, las grasas y los azúcares las absorben, y una vez absorbidas, se transforman directamente en movimiento atómico, o lo que es lo mismo, en calor. Pero en dicha frecuencia, las ondas de radio también tienen otra interesante propiedad: la mayoría de los plásticos, el cristal o la cerámica no las absorben. ¿Qué ocurre con el metal?

En realidad, las paredes interiores de un horno microondas son metálicas. Una pieza metálica bastante gruesa actúa a modo de espejo, aunque en lugar de reflejar una imagen, refleja microondas. Si colocaras alimentos en una gruesa sartén metálica y la metieras en el horno, no se cocería, ya que la sartén los protegería de las microondas, de manera que nunca se calentarían.

Las piezas metálicas muy pequeñas o muy agudas son otra historia. Los campos eléctricos en las microondas generan corrientes eléctricas que circulan a través del metal. Las piezas metálicas sustanciales, tales como las paredes de un horno, suelen tolerar estas corrientes sin ningún problema. Sin embargo, las piezas muy finas, como el papel de aluminio, se sobresaturan de corriente y se calientan rápidamente, tanto que incluso pueden provocar un incendio. Por otro lado, si el papel está arrugado y forma bordes agudos, la corriente eléctrica que discurre a través del papel provocará chispas. En tal caso, si las chispas inciden con cualquier otra cosa en el horno, tal vez un trozo de papel encerado, es muy probable que tengas que echar mano de un extintor.

Aunque es muy improbable que un trozo pequeño de papel de aluminio pueda ocasionar la explosión de un horno microondas, sí podría provocar un incendio. En consecuencia, es una buena idea ceñirse a los envoltorios de plástico, al papel de cocina y a cualquier otro enser de cocina no metálico.

¿Qué pasaría si arrancaras la etiqueta del colchón?

En Estados Unidos quien más quien menos ha oído decir que no hay que arrancar las etiquetas del colchón o de la almohada porque infringiría algún tipo de normativa. A decir verdad, muchos colchones aún llevan etiquetas que dicen algo así como: «¡Va contra la ley arrancar esta etiqueta!». Esas etiquetas que puedes encontrar colgando del extremo de las almohadas o al pie del colchón están destinadas a protegerte, es decir, a proteger al usuario final. La razón principal por la que se incluyen es poner en tu conocimiento lo siguiente:

99 Que has comprado un producto nuevo que nunca se ha utilizado.
99 El contenido del acolchado interior de la almohada o colchón.

Según el Código de Estados Unidos, sólo va contra la ley arrancar la etiqueta antes de la venta y entrega de una almohada o colchón al consumidor final. El Título 15 (Comercio y Comercialización), Capítulo 2, Subcapítulo V (Identificación de Productos de Fibra Textil), Sección 70c (Retirada del sello, etiqueta u otra identificación), Estatuto (a) —Retirada o desgarro después del envío— establece lo siguiente:

«Cualquier envío de un producto de fibra textil por razones de comercio será ilegal excepto lo dispuesto en este subcapítulo, arrancar o rasgar, o provocar o participar en la extracción o desgarro, antes de que el producto sea vendido y entregado al consumidor final, de cualquier sello, etiqueta u otra identificación requerida por este subcapítulo que deba acompañar a dicho producto de fibra textil. Quien infrinja esta sección será culpable de utilización de un método injusto de competencia, así como de la realización de un acto o práctica injusta o engañosa bajo la Ley Federal de la Comisión Mercantil».

Si no dispones de un ejemplar del Código de Estados Unidos, echa un vistazo a la etiqueta en cuestión, en la que debería figurar el texto siguiente:

50910180K

BAJO PENALIZACIÓN LEGAL, ESTA ETIQUETA SÓLO PUEDE SER ARRANCADA POR EL CONSUMIDOR

_____

TODO EL NUEVO MATERIAL ES DE FIBRA DE POLIÉSTER

_____

REGISTRO N.º PA-23841 (KY)

_____

El fabricante certifica que los materiales empleados en este artículo se han descrito con arreglo a la ley.

Cuando hayas comprado una almohada o un colchón, estás en tu derecho, como «consumidor final», de arrancar la etiqueta, aunque es posible que prefieras conservarla para futuras referencias, sobre todo si eres alérgico a determinados materiales.

¿Qué pasaría si no presentaras y pagaras el impuesto sobre la renta?

En Estados Unidos, el sistema tributario es una enorme máquina provista de un código impositivo que parece más complejo que la mismísima tecnología espacial. Muchos de nosotros tememos la llegada del 15 de abril, la fecha relacionada con el Servicio Interno de la Renta (SIR). En realidad, los impuestos siempre han dejado un sabor amargo en la boca de los ciudadanos norteamericanos. Este odio nacional hacia las fechas tributarias se remonta a las cargas fiscales implantadas en las colonias americanas por Gran Bretaña. Los ciudadanos estaban obligados a pagar impuestos por cada producto de consumo, desde el té y el tabaco hasta los documentos legales. Esta «tributación sin representación» ocasionó muchas revueltas.

Aunque hoy en día la revuelta general no es inminente, son muchos los que han imaginado otra mucho más personal. ¿Te has preguntado alguna vez qué sucedería exactamente si dejaras de presentar y de pagar tus impuestos algún año?

Si bien es cierto que la mayoría de los norteamericanos sólo piensan en el sistema impositivo y el SIR cuando se aproxima el mes de abril, también lo es que el proceso fiscal es prácticamente interminable. Por ley, los empresarios están obligados a retener ciertos impuestos derivados del trabajo de las ganancias de sus empleados, y los trabajadores autónomos son responsables personalmente de deducir los impuestos correspondientes de sus propios emolumentos.

A decir verdad, el proceso del impuesto sobre la renta se inicia cuando una persona empieza a trabajar en un nuevo empleo. El empleado y el empresario acuerdan una compensación salarial, que deberá figurar en la renta bruta al finalizar el año. Una de las primeras cosas que el empleado debe hacer cuando es contratado es rellenar todos los formularios tributarios, incluyendo el W-4, en el que consta toda la información sobre las retenciones de los empleados, como por ejemplo el número de ascendientes o descendientes a su cargo y los gastos de educación de los hijos. La información contenida en este formulario indica al empresario la cantidad de dinero que debe retener del salario de un empleado en concepto de impuesto federal sobre la renta. El SIR sugiere consultarlo cada año, ya que la situación fiscal puede variar de uno a otro.

Cuando el empresario ha retenido la suma correspondiente, la deposita en una institución financiera homologada, presentando un informe trimestral al SIR para notificarle cuánto dinero ha sido retenido del salario de cada empleado. Asimismo, se presenta otro informe al término del ejercicio.

Veamos ahora qué sucedería si decidieras no presentar la declaración de la renta el presente año. Al igual que cualquier otra agencia a la que se le adeuda dinero, el gobierno no se siente ni mucho menos satisfecho con tu proceder. Inicialmente, te enviaría una carta recordándote, por si lo hubieras olvidado, la necesidad de presentar la declaración. En caso de no responder, recibirías más cartas, hasta que al final, te mandarían una misiva de ultimátum, aunque en este caso incluyendo una factura. En efecto, el gobierno tiene el derecho de determinar cuáles serían tus ingresos a partir de los registros anteriores. Es lo que se conoce como «Sustituto de la Renta», o SDR.

Imaginemos que estuvieras situado en un alto nivel en la última declaración, pero que desde entonces hubieras estado en paro y te hubieras visto obligado a aceptar un significativo recorte salarial para encontrar un empleo. Si el gobierno fundamenta su evaluación en tu empleo anterior, la factura sería mucho más elevada de lo que debería ser en realidad. Aun en el caso de que tu trabajo sea siendo el mismo, con ganancias similares, la mayoría del SDR sólo incluye las deducciones estándar. Cualquier otra deducción que estés facultado a reclamar no se incluirá. Por otro lado, existen penalizaciones y multas asociadas a la no presentación de la declaración tributaria y al impago de los impuestos, que pueden oscilar entre el 50 % y el 75 % de la cantidad debida original.

Cuando el gobierno te ha enviado una factura, tienes dos opciones:

❝ Pagar los impuestos, incluidos los recargos. Más tarde, puedes acudir al tribunal fiscal para reclamar esa cantidad de dinero adicional y presentar la declaración, incluyendo las deducciones correctas.

❝ No pagar nada.

Si persistes en tu revuelta personal contra la imposición fiscal, la broma te costaría aún más si cabe. El gobierno está facultado para recaudar su dinero de la forma que estime conveniente:

❝ Dictar el embargo de tus cuentas bancarias.

❝ Dictar el embargo de tu vivienda.

❝ Confiscar tu coche, embarcación de recreo o cualquier otra pertenencia de valor.

En otras palabras, la no declaración, el impago y la evasión fiscal pueden dar lugar a diversas penalizaciones civiles o incluso penales, incluyendo la cárcel.

¿Qué pasaría si dejaras de pagar tus facturas?

No pagar las facturas en tiempo y forma puede afectar muy negativamente a tu clasificación de crédito. Pocas cosas se pueden hacer en la vida sin créditos, y mucho menos cuando la imagen crediticia es nefasta. La clave consiste en tener una buena clasificación, ya que te permite obtener un préstamo del banco para pagar los gastos académicos universitarios, comprar un coche nuevo o una nueva vivienda. En muchas empresas, es habitual verificar el crédito de los candidatos a empleados antes de ser contratados, para comprobar su grado de fiabilidad. Si constituyes un riesgo para el crédito, también lo constituirás para el empleo

Si en alguna ocasión has pagado una factura una vez vencida, habrás observado que incluye un recargo, y si te ha sucedido más de una vez con la misma compañía, de lo que no te habrás dado cuenta, o quizá ni siquiera sepas, es que además del cargo adicional, se ha notificado tu demora a una oficina de crédito. El procedimiento varía de una empresa a otra, pero de lo que no hay duda es de que dos pagos tardíos pueden dar lugar a una anotación en tu registro financiero permanente. Si demorarte ligeramente en el pago puede empañar de este modo tu clasificación crediticia, imagina lo que significa no pagar las facturas.

Tan pronto como existen fundadas evidencias de que no tienes la intención de pagar una factura, la compañía traslada esta información a una agencia recaudadora, que puede ser externa o una división dentro de la propia empresa. A continuación, los agentes empezarán a llamarte a tu domicilio, al trabajo e incluso a la casa de tus parientes si son capaces de localizar los números de teléfono. Si aun después de haber contactado contigo te niegas a pagar, la agencia recaudadora puede llevarte a los tribunales.

Afortunadamente, a menos que la agencia pueda demostrar que de algún modo actuaste de un modo fraudulento, no podrán mandarte a la cárcel inmediatamente. Recaerá una sentencia, y la agencia, en nombre y por cuenta de la compañía a la que debes el dinero, podrá emprender cualquiera de las acciones siguientes con el fin de recuperarlo:

- 99 Embargar tu salario (hasta un 50 %).
- 99 Embargar tus propiedades personales (automóviles, embarcaciones de recreo, joyas, etc.).
- 99 Embargar tus cuentas bancarias.

Aunque las disposiciones difieren de un estado a otro, la agencia recaudadora podría incluso embargar tu vivienda. En la mayoría de los estados rige una exención en relación con la residencia del contribuyente, lo cual le permite conservar su propiedad siempre que no exceda de un determinado valor. Pero lo cierto es que estos límites son muy modestos. Si tu casa se valora por encima de los mismos, puedes verte obligado a abandonarla, en cuyo caso tu vivienda se venderá en pública subasta para contribuir al pago de la deuda. Llegados a este punto, aun en el caso de que decidas cubrir la cantidad total de la deuda, no podrás evitar que el incidente quede registrado en tu informe crediticio durante un período de siete a diez años.

¿Qué pasaría si metieras el dedo en una toma de corriente eléctrica?

Mucha gente, y en particular los padres, se preguntan qué ocurriría realmente si alguien, tal vez su hijo, metiera el dedo en una toma de corriente eléctrica. Según la Comisión de Seguridad de los Productos de Consumo de Estados Unidos, se calcula que cada año 3.900 personas acuden al servicio de urgencias para tratar las heridas causadas por accidentes relacionados con las tomas de corriente eléctrica. Alrededor de un tercio de estos pacientes son niños que introdujeron algún objeto metálico (clip, mango de una cuchara, etc.) o un dedo en la toma. Aunque la cifra parezca elevada, lo cierto es que estas personas son las que se pueden considerar afortunadas, pues existen centenares de individuos a los que no les fue posible recurrir al servicio de urgencias.

Si metes el dedo en una toma de fluido eléctrico, la corriente puede dejarte lisiado o incluso poner fin a tu vida. El cuerpo humano es un excelente conductor de la electricidad, la cual busca siempre un camino simple y rápido para llegar al suelo. Dado que alrededor del 70 % del cuerpo humano es agua, resulta extremadamente fácil para la electricidad discurrir a través del mismo en cuestión de segundos. En el mejor de los casos, el shock eléctrico puede provocar los siguientes efectos:

" Dolor de cabeza
" Fatiga o espasmos musculares
" Inconsciencia transitoria
" Dificultad respiratoria transitoria

Entre las consecuencias más severas y posiblemente fatales de un shock eléctrico figuran las siguientes:

" Graves quemaduras en el punto de contacto y a lo largo del camino recorrido por la electricidad al atravesar el cuerpo
" Pérdida de la visión
" Pérdida del oído
" Lesiones cerebrales
" Paro o fallo respiratorio
" Paro cardíaco
" Muerte

Si alguien introduce los dedos o algún objeto metálico en una toma de corriente eléctrica, no lo toques, pues de lo contrario la electricidad puede pasar de su cuerpo al tuyo, duplicando el shock durante el proceso. Debes separar rápidamente a la víctima de la toma utilizando un objeto que no sea conductor de la electricidad, como por ejemplo una silla, el mango de una escoba o una toalla seca. Una vez interrumpido el contacto, verifica la respiración y el pulso, y comprueba si se han producido quemaduras. La víctima necesitará atención médica inmediata.

¿Qué pasaría si efectuaras un disparo al televisor con un arma de fuego?

En más de una ocasión, mientras estabas viendo la televisión, se te habrá pasado por la cabeza la idea de pegarle un tiro. Tanto si se trata de un verdadero enemigo de las interrelaciones personales en el hogar, de una teleserie de pésima calidad o de un horrible comentarista hablando de cualquier cosa, lo cierto es que las razones para «asesinar» el televisor son innumerables.

Pero ¿qué sucedería si decidieras realmente dispararle con un arma de fuego? Como es lógico, nos estamos refiriendo a un televisor estándar con un enorme tubo de cristal, de manera que el objetivo sea infalible. Los televisores de 25 pulgadas y de mayor tamaño están provistos de una robusta pieza de cristal que pesa entre 18 y 37 kg.

Aquí, en HowStuffWorks, realizamos este experimento.

Al tratarse de un tubo de «vacío», la posibilidad de que se produzca una implosión en el caso de que una bala perforara el cristal ha sido objeto de una acalorada discusión y se ha convertido en una auténtica leyenda urbana. La idea consiste en que el vacío succionaría los fragmentos de cristal, que luego rebotarían a una increíble velocidad.

Por lo menos, cuando lo probamos aquí, no sucedió nada de eso. La bala penetró limpiamente en el tubo, dejó un orificio perfecto en el cristal y el aire llenó rápidamente el tubo. No se produjo implosión alguna.

Después de haber disparado, nada te impide desmontar el aparato y explorar el interior. Esto es precisamente lo que hicimos. Rompimos el resto del cristal a martillazos y descubrimos lo siguiente:

99 **Cristal frontal.** El cristal frontal es extremadamente grueso. En realidad, se trata de cristal emplomado, al igual que el cristal óptico; de ahí su extraordinaria transparencia y consistencia. Contiene entre un 1 % y un 2 % de plomo.

❞ **Fósforo.** La cara posterior del cristal está revestida de fósforo. Es un polvillo blanco que se escama.

❞ **Máscara de sombras.** Justo detrás de la pantalla se halla la máscara de sombras. En los televisores en blanco y negro no es necesaria, pero en los de color sí, ya que en la pantalla existen tres pistolas de electrones y tres colores diferentes de fósforo. En efecto, en cada pixel hay diminutos puntitos de fósforo rojo, verde y azul, y la máscara asegura que cada pistola esté alineada con el punto correcto. El método más común de fabricación de la máscara de sombras consiste en practicar centenares de miles de orificios increíblemente diminutos en una fina plancha metálica.

❞ **Pistola de electrones.** En la parte posterior del tubo están situadas las pistolas de electrones, metálicas o de cerámica. Veamos lo que ocurre en su interior. Los filamentos situados en la parte posterior de la pistola se calientan y generan electrones, que se aceleran y concentran en un finísimo haz. Cuando los haces de electrones (tres en un televisor en color) salen de la pistola, los electrones se desplazan a un tercio de la velocidad de la luz, lo cual confiere la suficiente energía como para iluminar el fósforo al incidir en él.

Esto es, pues, lo que acontecería si dispararas contra el televisor. Ni que decir tiene que no te aconsejamos repetir este experimento, ¡pues acabarías con 18 kg de fragmentos de cristal emplomado dispersos por el patio! ¡Menudo desastre!

EL LIBRO DE LOS PORQUÉS
*Lo que siempre quisiste saber
sobre el planeta Tierra*
KATHY WOLLARD Y DEBRA SOLOMON

252 páginas
Formato: 19,5 x 24,5 cm
Libros singulares

EL PORQUÉ DE LAS COSAS
KATHY WOLLARD Y DEBRA SOLOMON

240 páginas
Formato: 19,5 x 24,5 cm
Libros singulares

LOS ENIGMAS DE LA NATURALEZA
*Todo lo que querías saber sobre
la naturaleza y nunca te atreviste
a preguntar*
HAMPTON SIDES

208 páginas
Formato: 19,5 x 24,5 cm
Libros singulares

EL LIBRO DE LOS PORQUÉS 2
KATHY WOLLARD Y DEBRA SOLOMON

208 páginas
Formato: 19,5 x 24,5 cm
Libros singulares

COLECCIÓN EL JUEGO DE LA CIENCIA

128 páginas
Formato: 13,3 x 21 cm

* 96 páginas
* **Formato:** 21 x 21 cm

** 72 páginas
** **Formato:** 21 x 21 cm

Títulos publicados:

1. **Experimentos sencillos con la naturaleza,** *Anthony D. Fredericks*
2. **Experimentos sencillos de química,** *Louis V. Loeschnig*
3. **Experimentos sencillos sobre el espacio y el vuelo,** *Louis V. Loeschnig*
4. **Experimentos sencillos de geología y biología,** *Louis V. Loeschnig*
5. **Experimentos sencillos sobre el tiempo,** *Muriel Mandell*
6. **Experimentos sencillos sobre ilusiones ópticas,** *Michael A. DiSpezio*
7. **Experimentos sencillos de química en la cocina,** *Glen Vecchione*
8. **Experimentos sencillos con animales y plantas,** *Glen Vecchione*
9. **Experimentos sencillos sobre el cielo y la tierra,** *Glen Vecchione*
10. **Experimentos sencillos con la electricidad,** *Glen Vecchione*
11. **Experimentos sencillos sobre las leyes de la naturaleza,** *Glen Vecchione*
12. **Descubre los sentidos*,** *David Suzuki*
13. **Descubre el cuerpo humano*,** *David Suzuki*
14. **Experimentos sencillos con la luz y el sonido,** *Glen Vecchione*
15. **Descubre el medio ambiente*,** *David Suzuki*
16. **Descubre los insectos*,** *David Suzuki*
17. **Descubre las plantas*,** *David Suzuki*
18. **La ciencia y tú**,** *Ontario Science Center*